崔国游◎主编

Full Process Implementation of Ultra Low Energy Building

超低能耗建筑全过程实施

郑州大学出版社

图书在版编目(CIP)数据

超低能耗建筑全过程实施/崔国游主编.—郑州：
郑州大学出版社,2023.9
ISBN 978-7-5645-9920-1

Ⅰ.①超… Ⅱ.①崔… Ⅲ.①生态建筑-建筑
工程-研究 Ⅳ.①TU-023

中国国家版本馆 CIP 数据核字(2023)第 177738 号

超低能耗建筑全过程实施
CHAODINENGHAO JIANZHU QUANGUOCHENG SHISHI

策划编辑	祁小冬	封面设计	苏永生
责任编辑	刘永静	版式设计	王　微
责任校对	王红燕	责任监制	李瑞卿

出版发行	郑州大学出版社	地　址	郑州市大学路40号(450052)
出版人	孙保营	网　址	http://www.zzup.cn
经　销	全国新华书店	发行电话	0371-66966070
印　刷	河南大美印刷有限公司		
开　本	787 mm×1 092 mm　1 / 16	彩　页	4
印　张	14.75	字　数	359 千字
版　次	2023 年 9 月第 1 版	印　次	2023 年 9 月第 1 次印刷

| 书　号 | ISBN 978-7-5645-9920-1 | 定　价 | 68.00 元 |

本书如有印装质量问题,请与本社联系调换。

《超低能耗建筑全过程实施》
编写委员会

主　　　编　崔国游

执 行 主 编　司大雄　张　晶

副　主　编　王志杰

编委会成员　(以姓氏首字笔画为序)

于　林　支伯森　吕　栋　朱利军　任　军　刘宝龙
李　斌　李莹莹　杨建中　余静鲲　张凯福　张贵永
陈　磊　陈义波　陈家骐　林苗苗　郑慧研　赵超杰
段亚明　宣保强　高　杨　郭　淼　郭建秋　唐冠恒
黄新民　常欢欢　潘广涛　魏志武

参 编 单 位　五方建筑科技集团有限公司
合肥学院
郑州大学
河南省建设集团有限公司
河南投资集团有限公司
河南沃克曼建设工程有限公司
天津市天友建筑设计股份有限公司
上海五方合创建筑科技有限公司
河南五方合创建筑设计有限公司
广东万得福电子热控科技有限公司

序

推进城市建设高质量发展，我们既要把握好绿色化深刻变革中的关键问题，还要把握好"双碳战略"中的深层次问题。

关于实现"双碳战略"中的深层次问题，我认为，突出在于重视碳达峰与建筑（运行）碳排放增量的关系和突出在于实现碳中和与建造碳排放减量的关系。

我国有广阔的夏热冬冷地区，要在其建筑（运行）碳排放潜在的巨大增量问题要下大功夫、真功夫、狠功夫，确保在碳达峰前解决好，唯有大力推动超低能耗建筑等规模化发展方可破题。为此，《中共中央　国务院关于完整准确全面贯彻新发展理念做好碳达峰碳中和工作的意见》明确指出，要大力发展节能低碳建筑，要持续提高新建建筑节能标准，加快推进超低能耗建筑等规模化发展。其实，超低能耗建筑规模化发展不但在夏热冬冷地区有巨大发展前景，在"三北"地区一样有很大的发展潜力，"三北"地区许多省市高度重视并已取得突出效果。

从碳达峰到碳中和一定要有碳交易政策，城市建设的新原则即建造减碳设计原则呼之欲出，碳排放减量方案至关重要，建造减碳从科技到标准，到设计，到建造，一个全新的领域在呼唤建筑产业加快推进。

习近平总书记指出，绿色循环低碳发展，是当今时代科技革命和产业变革的方向，是最有前途的发展领域。我国在这方面的潜力相当大，可以形成很多新的经济增长点。

崔国游及"五方建筑科技"团队长期致力于超低能耗建筑研究研发，聚焦于规模化推广，进而实现产业化发展，突出项目落地实践，潜心积累，完成了大量不同气候区、不同建筑类型的应用案例。其团队联合国内有关单位共同推出一批涵盖了设计、施工、材料设备、运行维护、检测平台全过程实施专题，毫无保留地分享研究成果和实践经验，并敢于直面问题，这既是其专业精神的体现，又是其应有的责任担当。相信本书将对超低能耗建筑在我国的规模化发展起到积极的推动作用，相信这也是编者的初衷所在。

未来已来，超低能耗建筑规模化发展既要服务国家"双碳战略"目标，还要"+建筑产业数字化""+智能建造"，进而推动建筑产业绿色化→低碳化→数字化全面转型升级，实现城市建设高质量发展。

（住房和城乡建设部原总工程师）

2023 年 7 月

前　言

习近平总书记在中共二十大报告中提出："发展绿色低碳产业,健全资源环境要素市场化配置体系,加快节能降碳先进技术研发和推广应用,倡导绿色消费,推动形成绿色低碳的生产方式和生活方式。"碳达峰碳中和目标是国家重大战略部署,将带来一场广泛而深刻的经济社会系统性变革。"双碳"目标、节能降碳、建筑新能源、满足人民对美好生活的向往等问题,既是挑战也是机遇,如何顺势而为实现进步和升级,是我们建筑产业从业者的抢答题。

一、紧扣时代主题发展超低能耗建筑是大势所趋

近年来,超低能耗建筑因其"舒适、健康和节能"的特点,受到了越来越多的关注。不同气候区和使用功能的项目纷纷出现,特别是一批具有典型特点的项目起到了示范引领作用,推动了超低能耗建筑的深入发展,带动了国家和地方标准体系的制定和完善,加快了适宜技术和可实施路径形成,相关材料设备也取得了长足的发展,国产化、本土化程度越来越高,产业链更加完善。随着强制性节能设计标准的不断提升,以及技术进步和规模效应,增量成本呈明显下降趋势,为规模化推广创造了条件。

《中共中央　国务院关于完整准确全面贯彻新发展理念做好碳达峰碳中和工作的意见》等顶层设计文件,指出要大力推动超低能耗建筑规模化发展,并提出要发展零碳建筑。

超低能耗建筑大幅度地降低了供暖、空调和照明等用能需求,从需求侧直接降低了碳排放,契合了我国降碳工作立足于节能优先的方针。过去十余年的发展实践表明,大力发展超低能耗建筑是建筑实现碳达峰碳中和的有力途径。

超低能耗建筑以尽可能少的能源消耗和碳排放,提供了舒适和健康的室内环境,基本可以取代北方传统的冬季集中供暖模式,也解决了夏热冬冷地区冬季取暖的难题,满足了人民日益增长的美好生活需要,回应了民生诉求,助力地区和行业解决碳排放问题。超低能耗建筑推动了建筑产业绿色低碳转型,可以形成地方新的经济增长点。多个地方政府纷纷出台扶持鼓励超低能耗建筑发展的政策措施,精准解决推广过程中的痛点,打通存在的堵点。

二、规模化推广超低能耗建筑的几个关键点

(1)讲实战、讲落地。超低能耗建筑作为一种创新型产品体系,其中的新技术、新材料、新设备、新工艺主要在实际落地案例乃至大规模推广中得到验证、反馈、优化,从而不断实现技术和产品的迭代升级。所以,超低能耗技术不是一成不变和固化的,要坚持问题导向和需求导向,不断地进行创新,忌讳将技术套路化,将方案变成简单的技术堆砌。

目前,不少从业者因为匆忙"杀入",依赖传统的认知,"只见树木不见森林",只知其一而不知其二,没有从性能化设计角度出发,没有掌握技术的精髓,"程咬金的三板斧",包打天下。项目能力要建立在大量实战案例的基础之上,要靠多个全过程项目的锤炼和及时的总结。为此,提出以下应用原则:

一是"被动式技术要适度"。保温不是越厚越好,门窗的传热系数也没有必要追求低到极致,不要把热桥消灭到"无",这样不仅性价比不高,还会提升施工难度,影响技术应用,也会排斥新产品和新材料的推广。保温、门窗等被动式技术占了增量成本的大部分,到了一定程度,要学会在建筑形体等方面加以约束,运用平衡的手段和方案的寻优。被动式的措施到了一定程度,就多用主动式手段进行提升,要借鉴"主动式建筑"的技术思路,从设备能效上下功夫,增加电风扇等适宜性技术的应用。

二是"主动式设备要可靠"。许多设备因为不稳定、不成熟,达不到铭牌标定的指标要求,影响了实际效果,拖累了使用者评价。不能"为新而新",不能解决了新问题却影响了基本性能,如拼命为了降能耗却忽视了空调基本的制冷、采暖能力。所以对于主动式设备和系统来讲,稳定、成熟更重要。

三是"可再生能源利用要集约"。可再生能源利用并不代表着将力量用足用尽,在光伏应用上经常听到这样一句话,就是"应装尽装,应发尽发,应用尽用",但是在考虑成本、储能、管理能力等因素时,就要辩证对待了。在可再生能源利用上要本着"集约"的原则,把效率作为优先考量因素,优化可再生能源利用的种类组合及比例。

(2)讲全过程。相比于传统节能建筑,超低能耗建筑全生命周期的属性表现得更为明显,主要是其强调结果导向,讲求实测和体感效果,这就要求不仅要重视可行性分析、设计目标、技术方案优化等"前半程",还要关注运行维护管理等"后半程",而后半程能力恰是我们这个行业所普遍缺乏的。讲全过程将倒逼企业进行新的能力构建,让从业者有了学习新事物和培养匠人精神的紧迫感,这也是超低能耗建筑助推建筑产业高质量转型的缘由所在。

(3)讲产业。超低能耗建筑不仅仅是一个技术体系,更是一个产品体系,当建立这个认识后,技术进步和推广将会释放更大的想象空间。超低能耗建筑的发展归根结底要落在产业上,质量还是要靠材料设备和实施能力,完整的产业链和产业布局、生产能力更有助于规模化推广。

三、本书的特点

(1)本书立足于总结超低能耗建筑项目落地实践和实际操作,选题具有代表性和典型意义,由项目实战经验丰富的专家、工程师以专题形式编写完成,有料有干货。

(2)专题从技术层面主要分为被动式、主动式、运行维护、可再生能源,涵盖了设计、施工、材料设备、运行维护、监测平台等内容。专题从建筑方案创作、能耗模拟分析软件、节点详图到施工、能耗监测等全过程维度,结合实际项目案例,提出了有价值的观点和建议。

基于以上特点,本书对超低能耗建筑从研究、全过程咨询、设计、材料设备选用,到施工、验收、监测、运行维护管理,都有着较强的参考价值和指导作用。无论是对从业者还是对高等院校师生,都是非常实用的一本专业书籍。

四、本书的主要参编单位和承担工作

第一章:天津市天友建筑设计股份有限公司

第二章:合肥学院

第三章:合肥学院

第四章:河南五方合创建筑设计有限公司

第五章:河南五方合创建筑设计有限公司

第六章:上海五方合创建筑科技有限公司

第七章:河南五方合创建筑设计有限公司

第八章:河南五方合创建筑设计有限公司

第九章:广东万得福电子热控科技有限公司

第十章:河南五方合创建筑设计有限公司

第十一章:河南五方合创建筑设计有限公司

第十二章:河南五方合创建筑设计有限公司

第十三章:河南五方合创建筑设计有限公司

第十四章:郑州大学

第十五章:河南五方合创建筑设计有限公司

第十六章:五方建筑科技集团有限公司

由崔国游负责本书的统稿及整理工作,河南省建设集团有限公司、河南投资集团有限公司、河南沃克曼建设工程有限公司给本书提供了资料内容,并做了相关的文字整理工作。

鉴于"超低能耗"的叫法已被政府和行业广泛接受,在市场推广中统一称呼仍为"超低能耗建筑",这个叫法既涵盖了建筑、社区、园区、城区等范围,也包括从超低能耗到近零能耗、零能耗、产能建筑等不同节能降碳深度的建筑形式。

我们精心选择的 16 个专题,涵盖了超低能耗建筑实施全过程,从绿色建筑方案创作,到被动式技术、主动式技术、可再生能源利用、模拟软件、施工、运行维护等,力图在一些关键点、热点上有所创新和突破。因为时间仓促、水平有限,再加上我们掌握的信息量不够,书中难免会有不尽人意的内容。我们本着求真务实的态度,直面问题,不去美化数据,并坦诚地提出建议和展望。一些观点还有值得商榷甚至争议之处,未来随着规模化推广的进一步深入,相信会得到进一步验证、提升。

衷心感谢各参编单位的积极参与、无私奉献和辛苦付出,我们的每一分努力都推动着行业的健康发展。创新是时代永恒的主题,更是一种时代责任,相信投身到超低能耗事业中的从业者累并快乐着。

"满眼生机转化钧,天工人巧日争新",超低能耗建筑利国利民利企,在社会各界的共同努力下,必将迎来一个欣欣向荣的发展,这值得我们共同期待。

2023 年 6 月于上海

目 录

第一篇

总体认识

第一章 超低能耗建筑方案设计与创意

一、超低能耗建筑方案设计构思

(一) 构思原则

超低能耗建筑作为节能降耗性能优异的建筑类型,在方案初期构思中的一些原则能从源头引导建筑性能的实现。

1.环境与气候的在地性原则

建筑能耗受气候与地域环境的影响较大,相对应的构思出发点与技术选择也因地而异。

我国幅员辽阔,涵盖了严寒、寒冷、夏热冬冷、夏热冬暖和温和气候区,相应的超低能耗方案构思首先应该从气候环境出发。在寒冷和严寒气候区,紧凑的布局、争取太阳得热朝向的最大化、高性能的外围护体系保温等是主要的技术策略,而夏热冬冷、夏热冬暖气候区的气候特点则与之不同,通风、除湿、隔热、遮阳成为应对气候特征的技术核心。方案构思应首先顺应不同气候区的被动式原则,从气候特点寻找方案构思的出发点。

除了气候因素,特定的环境条件也会给方案构思带来生态、低碳方面的启发。超低能耗建筑在高密度城市街区中与开阔自然环境中的环境特征也是不同的(图 1-1),方案构思应充分挖掘和利用自然环境特质,实现超低能耗建筑在节能、低碳、生态多方面的价值。

图 1-1 中德生态园展厅、柳林生态修复展馆的公园环境

2.适宜的被动式技术集成原则

被动优先、主动优化的设计原则已经成为建筑师设计绿色建筑的共识,被动式技术也是建筑师绿色设计创意的重点,但其应用的核心应该是被动式技术集成。所谓被动式技术集成,是指一系列被动式技术共同发生作用,不同的被动技术相互促进、相互补充,形成超越单一技术的集成技术体系,就像人体的各个器官一样,相互辅助成为完整的生理系统,如图 1-2 所示的天友零舍的技术集成。

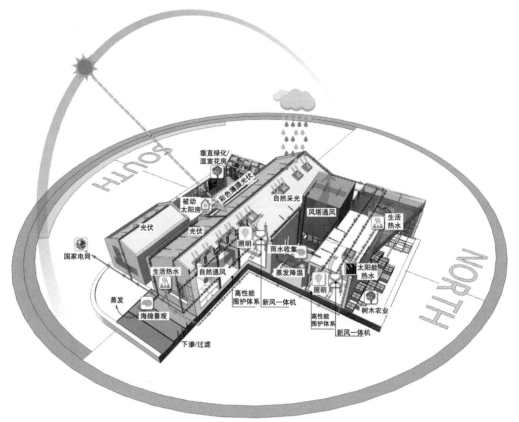

图 1-2 天友零舍的技术集成

所谓适宜的被动式技术,是指在构思阶段建筑创意需要考虑建筑形体生成和被动式技术间的适宜性,超低能耗建筑设计可以采用被动式技术负面清单的方法,避免不适应气候与环境的方案创意。负面清单如严寒、寒冷气候区在北侧设计大面积玻璃幕墙,体量过于分散及过多架空造成过大的体形系数;南方中庭设置大面积天窗且没有遮阳设施,大量钢结构出挑阳台、屋面挑檐等的建筑造型等等。根据不同气候区,建筑师可在设计之初列出被动式技术的负面清单并加以避免,可以从大方向上避免不利于节能的方案设计。

3.从核心策略出发的技术构思原则

超低能耗建筑方案设计被动式技术虽然是技术集成体系,但依据不同的气候与环境有其核心的技术策略,在方案设计之初,应该确定核心策略并在此基础上发展出一系列的技术集成。如严寒、寒冷气候区的核心策略是紧凑型建筑形态下的高性能围护体系;夏热冬冷气候区的核心策略是综合通风+多模式遮阳;夏热冬暖气候区的核心策略是分散体量布局下的遮阳+隔热。针对核心策略,可以发展出特色的建筑方案构思。

位于新疆和青海严寒气候区的模块式采油小屋核心策略是最小化的紧凑形体;九江棉船岛上的民宿用院落天井和单坡挑檐应对通风和遮阳的核心需求;三亚抱前村的未来学校体量分散和底层架空形成相互遮挡的遮阳隔热(图 1-3)。

(a)中石油零碳模块式采油小屋　　(b)九江棉船岛零碳民宿　　(c)三亚抱前村零碳未来学校

图1-3　不同气候区的建筑形态

4.技术、艺术、算术权衡下的综合构思原则

技术指的是合理性,艺术指的是美观性,算术指的是经济性,超低能耗建筑方案构思应该寻求技术、艺术和造价三方面的平衡,用适宜的技术与合理的投资实现建筑设计的艺术表达,也正是我国新建筑"八字方针"的体现:适用、经济、绿色、美观。

天友绿色设计中心(图1-4)作为超低能耗建筑改造项目,采用了低成本的适宜技术集成,实现绿色建筑造型的同时,增量成本控制在350元/m²,通过运行节能,增量成本可在4年内实现投资回收。

图1-4　天友绿色设计中心

(二)构思方法与流程

1.构思方法

(1)方案创意从被动式原理出发

超低能耗建筑方案构思可以从被动式原理出发,从不同气候区建筑被动式节能的技术原则确定方案的布局、形体及造型。

针对太阳能的获取与控制,可以在不同气候区采用集中或分散的布局策略,在寒冷气候区建筑形体尽量紧凑集中,减少散失能量的外表面积,同时尽可能争取南向阳光。在夏热冬暖气候区,建筑布局可相对分散,实现散热和体量相互遮挡减少太阳辐射的同时,还可以结合特定的布局和底层架空等促进通风。如德国柏林的马尔占低能耗公寓(图1-5),建筑形体的多方案比选是以最大化的南向墙面作为太阳能集热面为评价标准来选择的。

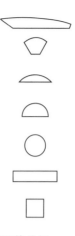

图 1-5　德国柏林的马尔占低能耗公寓形体分析

(图片来源:迪恩·霍克斯,韦恩·福斯特,霍克斯,等.建筑、工程与环境[M].大连理工大学出版社,2003)

针对风、光、热的调节与控制,主要体现在建筑的通风、采光、遮阳等方面,超低能耗建筑方案设计可以结合布局、空间、构件、表皮等手法进行创作。如南方冷巷结合天井有利于通风的布局,实现天然采光和热压通风的建筑中庭空间,争取太阳辐射的各式太阳房,以及多种多样的遮阳表皮(图 1-6)等等。

图 1-6　各种遮阳表皮

　　超低能耗建筑设计可针对节能核心策略实现符合被动式原理的建筑形态生成。面对太阳辐射控制、建筑蓄热、蒸发冷却等原理,可将理论原理转换为技术方法,并以具体的技术措施转化为建筑的空间和形态,实现符合被动式原理的建筑生成,表 1-1 为被动式太阳能技术措施。

表 1-1　被动式太阳能技术措施

项目	原理/方法	技术/措施
屋顶表面	对流、辐射、蒸发	种植屋面
屋顶冷却	冬季集热与夏季排热的合并	辐射冷却板、(种植)洒水屋面
墙体形状	南为集热面,控制其他面的热损失,中间为蓄热体	太阳能集热墙,太阳能透射墙
墙体蓄热	直接——室内墙+地面 间接——透射墙或水墙 混合——温室 热容量大的材料——混凝土、水 夏季措施:遮阳	窗户为集热面——集热与隔热 高侧窗与天窗的效果好 太阳能透射墙、水墙 温室与房间之间的墙为蓄热墙 面积:表面积大于室内总表面积 的 1/2
地板蓄热	增大地板的热容量	地板下的蓄热
窗户的隔热	增大辐射热,减小散热 蓄热部位的热容量	加隔热窗,中空 Low-E 透明隔热材料,隔热百叶
出入口热的控制	门的位置	门斗,转门,挡风墙(西北侧)
太阳辐射控制	尽量多获热,同时控制辐射	热容量大,长时间照射 遮阳处理(不同分类适应不同 朝向)
利用热能特性的空间	用保温性能好、热容量大墙体的空间,适应中纬度寒冷地区	温室及其贴临的空间处理(隔断墙) 中庭与中院
自然通风	新鲜空气外部引入,经各空间,供新风,带走热量、废气	建筑表面(立面、屋顶)的通风口(通风塔),内部空间组织(结合采光、场地、朝向),室内通风构造
屋顶形状和风的控制	正压处设置风口,引风入内	屋檐深出形成通向室内的风道
开口部位的通风	控制风向与风量	风压与热压通风:中庭,通风塔

注:根据《被动式太阳能建筑设计》整理,彰国社编。

(2)由技术创意引发的空间与造型创意

针对某项被动式技术的设计创意常常能引出独具特色的空间与造型,如针对促进自然通风的技术原理,造就了不同气候区形态各异的风塔;针对墙体辐射热的控制与生态结合,发展出形形色色的垂直绿化系统。

泰兴水厂零碳办公楼结合冷巷和水院的布局,以风塔构造(图 1-7)的空间形态形成了建筑入口中庭,结合屋顶天窗隔热变色玻璃及侧高窗的开启,实现建筑的综合通风。

三亚零碳零废乡村建筑结合隔热和防雨需求,借鉴传统民居生态智慧,利用当地材料,设计了西向蚝壳墙(图1-8)。

图1-7 泰兴水厂零碳办公楼的风塔构造

图1-8 三亚零碳零废乡村建筑的蚝壳墙

天友绿色设计中心针对天津寒冷气候,创作了艺术化分层拉丝方式的垂直绿化,既能在夏天实现生态遮阳,又能在冬天没有植物的时间段满足造型的需要(图1-9)。

图1-9 天友绿色设计中心分层拉丝垂直绿化

(3)性能化设计方法对方案创意的优化与验证

性能化设计方法是超低能耗建筑最主要的设计方法,其含义是"以建筑室内环境参数和能效指标为性能目标,利用建筑模拟工具,对设计方案进行逐步优化,最终达到预定性能目标要求的设计过程"。性能化设计不是进入施工图阶段才开始的,也不是设备工程师的专属工作,它应该成为方案创意阶段多方案比选的评价标准。

针对被动式技术在形体和空间的方案创意,应该以量化性能目标,通过模拟计算的方式进行定量化判断,可以验证方案创意的有效性,同时在确定了某一方案创意之后继续用它通过多方案模拟比选的方式,对方案在超低能耗性能方面进行不断的优化。

天友零舍按照近零能耗建筑的单位建筑面积负荷目标,进行了三轮的围护体系性能方案优化调整,最终满足了近零能耗建筑的要求,如图1-10所示。

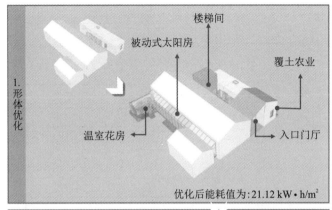

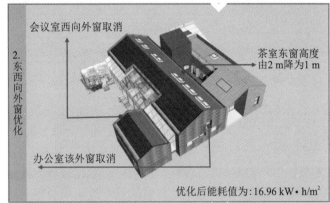

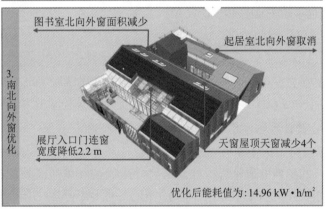

图1-10 天友零舍围护体系的性能化方法设计过程

2.构思流程

超低能耗建筑方案的构思可以用方向——方法——方案的流程加以概括。方向是指超低能耗建筑的定位,无论是近零能耗建筑,还是零能耗建筑、零碳建筑、碳中和建筑、零排放建筑等等,不同但明确的定位将给超低能耗项目指出清晰的构思方向;方法是根据方向的问题导向推导出核心策略,形成适宜技术集成;方案是从绿色原理出发,用性能化设计方法选择合理技术,形成主、被动节能技术的集成方案,并用建筑设计语言转化到建筑的空间与形态之中,见图1-11。

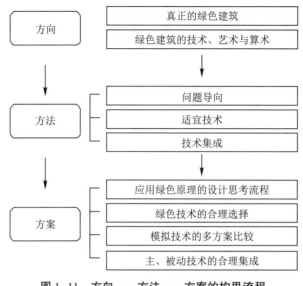

图 1-11　方向——方法——方案的构思流程

(三)总结:技术理念优先的设计策略

超低能耗建筑方案构思需要从气候环境出发,遵循核心策略下被动式适宜技术集成的原则,平衡技术、经济、美观三个维度,寻找最优的创意解决方案。设计方法可从被动式原理出发,由技术创意引导空间与造型创意,并利用性能化设计方法进行优化与验证。超低能耗建筑的构思流程可按照方向、方法、方案的步骤进行项目定位、技术选择和设计转化,最终形成回应环境的适宜超低能耗建筑方案。

二、超低能耗建筑方案设计创意

超低能耗建筑在方案创意过程中,技术最终会体现在布局、空间、造型等建筑学传统要素上,下面从三个方面以实践项目为例阐述超低能耗建筑技术的方案创意。

(一)空间与造型设计呼应技术原理

1.呼应技术原理的形体生成

超低能耗建筑的形体生成过程往往就是将呼应气候环境所需要的技术原理空间化的过程。在总平面设计中以建筑朝向、布局组织、空间形态呼应太阳得热、日照采光、主导风向等节能主要影响要素的原理需求。在平面设计中以空间尺度、功能分布、空间开口等适应建筑天然采光、自然通风等原理。在剖面设计中以空间腔体、表皮界面、空间垂直组织等呼应热压通风、遮阳隔热、气流组织等原理。

(1)被动式技术集成下的形体生成案例——静海中德展厅生成过程

静海中德展厅方案投标之初的用地并不是明确的选址,而是在景观公园之中由建筑师根据建筑定位来选择。建筑方案构思之初从最小化建筑能耗的角度确定了四个形体生成原则,即增加南向得热面积,降低冬季热负荷;减少北向外墙面积,降低建筑散热;设置南向遮阳,降低夏季制冷负荷;利用屋面天窗,加强室内天然采光和自然通风。无论选址、平面布局还是空间剖面都是从这四个原则出发的。

在可能的三个选址中,选择了南北朝向、南侧紧邻湖面的用地,南北向布局有良好的被动式太阳得热和自然采光,南侧的湖面又带来夏季凉爽的水面风,有利于自然通风。由于处在寒冷气候区,建筑平面顺应用地呈现南宽北窄的扇形,从原理上有利于增加南向得热、减少北向散热。中间一道弧形的中庭将建筑分为南北两部分,南侧舒展,作为办公和会议论坛的地方,北侧相对封闭,作为展厅。

建筑的剖面(图1-12)也有效地呼应气候:扇形平面由中间的中庭公共空间分为两部分,南侧分为两层,安排办公功能,并由扇形出挑的大挑檐形成南侧的遮阳,夏季较高的太阳高度角形成形体自遮阳,冬季较低的阳光能照射进建筑。北侧通高的空间作为展厅,同时屋面的坡向有利于在展厅上方的南向坡屋顶布置太阳能光伏。进深较大的中间部分设置中庭并可开启天窗,实现天然采光的同时利用热压促进水面风在过渡季的自然通风。

图1-12　中德展厅的剖面模式

(2)被动式技术集成下的形体生成案例——天友零舍生成过程

天友零舍(图1-13)作为乡村近零能耗改造项目,在布局上延续了北京典型的四合院式布局,但将除了西厢房的玻璃温室之外所有的房间,布置为南北朝向,包括作为会议室的东厢房也是南北朝向。乡村单层合院建筑体形系数较大,对节能不利,因此将主要形体用两个入口及交通空间联系起来,形成统一的空间,减少外表面积。北方地区西侧和北侧的外窗是热量散失的主要途径,因此西侧和北侧结合建筑功能实现了最少化的开窗,基本上以实体的外墙为主。

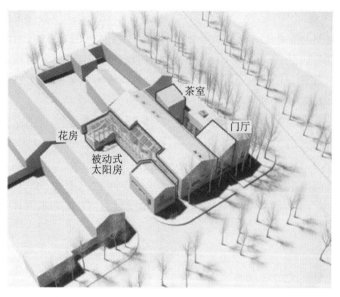

图 1-13 天友零舍形体生成

花房　被动式太阳房　茶室　门厅

以上两个案例通过对应北方气候节能原理的策略,从源头为被动式超低能耗方案设计奠定了方向性的基础。

2.呼应气候环境的不同界面

建筑不同朝向的立面其所面临的气候特点也不相同,无论是温湿度、太阳辐射还是风环境。针对不同的地区——四季分明的严寒寒冷地区、湿冷湿热的夏热冬冷地区、炎热的夏热冬暖地区,建筑外围护界面的处理手法在不同气候区有适宜的技术策略,比如严寒寒冷气候区尽量减少北向、西向的玻璃幕墙,夏热冬冷气候区立面上的通风构造,夏热冬暖气候区的遮阳表皮等等。

在建筑不同方向的立面设计上,也可以呼应所在环境不同的气候特征。天友绿色设计中心就采用了不同立面手法回应寒冷气候区各个朝向的特点(图 1-14)。该项目是一座由多层厂房改造的超低能耗办公建筑,原有厂房四个朝向都是统一的带形窗立面。在立面方案设计阶段,希望用不同的立面手法应对气候,尤其是东西向,希望探索低成本垂直绿化在天津这样的寒冷气候区的可能模式。在设计中,南向立面希望更多的太阳得热,因此扩大了原有的带形窗,并且设置了活动外遮阳金属帘,与攀缘的植物和聚碳酸酯板共同形成夏季的遮阳。北向立面保持原有较小的带形窗,并利用结合风环境模拟与声环境模拟确定的聚碳酸酯板形成阻风和隔声的立面构图。东西向立面尝试了分层拉丝的垂直绿化形式,使得植物能在夏天迅速地长满立面,又结合天津冬季无法保持垂直绿化的气候特点,将拉丝设计成扭转的直纹曲面形式,夏天攀缘植物可以长成直纹曲面的趣味形式,实现东西向的植物遮阳,冬天落叶后还能保持独有的形式感。不同立面采用不同的设计手法有可能会带来造型不统一的问题,天友绿色设计中心用统一的钢格栅环绕建筑,并将遮阳帘、聚碳酸酯板、垂直绿化共同纳入这一表皮体系中,形成统一的立面形式逻辑。

图 1-14　天友绿色设计中心不同立面

（二）被动式技术集成的建筑创意

超低能耗的节能技术尤其是被动式技术在长期的实践中已经形成了常规的空间和构造做法，但建筑师依然可以在应用这些技术的过程中，在核心技术、空间剖面、艺术表达、材料构造等方面进行创新，既可以针对单一的技术依据原理用建筑学的形式操作，形成新颖的空间或造型模式，也可以将两项或更多的技术融合到空间或构造处理之中，形成技术集成层面的创新解决方案。

1.核心技术策略的建筑创意

超低能耗建筑在依据气候环境特征确定下来核心策略的基础上，可以利用被动式技术和主动式技术发展出独特的建筑创意，就像沙漠干旱地区针对通风需求发展出独特的蒸发冷却式捕风塔，以及针对太阳能光伏最大化利用发展出的多角度光伏凸起造型。

不同气候环境会有不同的核心策略，超低能耗建筑方案的创意出发点可以从特定气候区的核心策略引出。寒冷气候区的核心策略是紧凑形体和外围护体系，外表面积最小化也是一个核心策略，从这个核心策略出发，可以采用北侧覆土剖面，南向舒展、北向紧凑形态等方式。夏热冬冷气候区的核心策略是通风、遮阳、除湿，针对核心策略的方案出发点可以是系统化的遮阳表皮体系、顺应主导风向的通风廊道系统、滨水架空层等等，而夏热冬暖气候区的核心策略是遮阳防晒、通风散热，因此分散布局、多孔状的小型庭院、深远挑檐的相互遮阴、建筑表皮的垂直绿化等往往成为方案创意的重点。处在夏热冬暖气候区的广东万科零碳中心曾经提出过针对岭南地区夏热冬暖、高温、潮湿的亚热带季风气候的"奶酪策略"和"冰箱策略"。"奶酪策略"是指在过渡季节，通过中庭、走廊等辅助空间的开敞，形成风、光、热的快速流散通道；"冰箱策略"则是在空调季节，通过辅助空间的闭合，使建筑各个体块形成一个整体，减少外表面积，降低能量损耗。也就是在可利用环境自然通风时，将建筑尽可能多孔打开，在夏季则封闭成最小化供能空间的整体。

海南博鳌的零碳精品酒店（图 1-15）以架空层结合多孔庭院系统作为方案核心策略，将水院降温、垂直绿化、通风冷巷、防晒墙系统和多层级遮阳纳入到核心策略的空间设计之中，形成应对海南炎热多雨气候的建筑空间创意。

图 1-15　海南博鳌零碳精品酒店空间与技术策略

2.体现技术集成的绿色剖面

剖面能最突出地从建筑空间角度表达节能技术的原理与策略。零碳工厂在设计世界第一个零碳社区——贝丁顿零碳社区时,提出了建筑经典的被动式与主动式两个剖面,清晰地表达出技术在空间中的集成应用。被动式技术通过一系列的节能原理加以集成:南侧三层、北侧两层;南侧布置生活空间,北侧布置工作及辅助空间;南侧开较大的窗,北侧开窗很少并结合覆土屋面;天窗天然采光,楼梯间作为自然通风的腔体;墙体及外窗等围护结构采用很厚的保温材料及被动窗形成高性能围护体系。主动式技术则集成了能源、通风、水处理等方面:能源采用生物质锅炉;有雨水收集和中水处理系统;独特的热风帽,实现热回收换气;光伏发电可给电动汽车充电。

天津的胡张庄零碳游客中心(图 1-16)是一个乡村开发的改造项目,由两排现有的农具仓库结合中间的加建部分形成一个农业文旅园区的游客接待中心,沿横向剖切的建筑剖面表达出原有建筑和加建的木结构建筑空间设计角度判定的节能技术体系。原有建筑的两坡屋面结合中间胶合木结构的 V 字形屋面形成一系列转折的屋面系统,将形体自遮阳、天然采光、热压通风、太阳能光伏利用、雨水收集、垂直绿化等整合到建筑空间中。

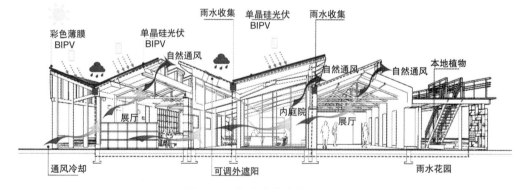

图 1-16　胡张庄游客中心剖面

天友绿色设计中心改造项目中,顶层五层原来有一个天窗,结合局部六层的加建,形成了一个冬暖夏凉的中庭空间。这个空间设计的原理源自 20 世纪一个国外建筑师"天窗采光+水墙蓄热"的一张草图,屋顶天窗在冬季白天和夏季夜晚可以打开,而在夏季白天和冬季夜晚关闭,同时借助水墙和地面的蓄热能力,利用太阳辐射的能量,被动式地调节空间温度。在天友绿色设计中心,根据寒冷气候区特点,采用高性能的天窗并在窗外设置可灵活调节遮阳的低成本竹帘实现太阳辐射的控制,水墙根据顶层荷载的限制设计为一系列的玻璃格鱼缸。光影、材质、色彩、透明性共同形成了独特的空间效果,在这个小空间中借助技术剖面实现节能技术与空间艺术的统一。图1-17、图1-18分别为天友绿色设计中心顶层中庭的剖面及效果图。

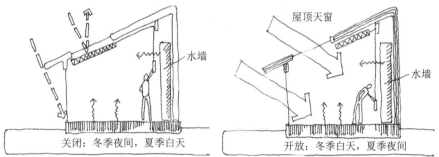

图1-17　天友绿色设计中心顶层中庭的技术原理剖面

图1-18　天友绿色设计中心中庭效果图及实景

3.艺术化解决技术问题

超低能耗建筑方案设计中,常常会遇到与方案构思之初产生矛盾的各种技术问题,面对这样的问题,创造性地解决它而不是由于技术难点放弃构思,往往能给方案带来创意表现的惊喜,尤其是当建筑师用建筑艺术的方式巧妙化解了矛盾的时候。

在第三届国际太阳能十项全能竞赛中,天津大学建筑学院的参赛作品《RCELLS》太阳能小屋(图1-19)在方案创意阶段,就将结构难点与太阳能、风能的利用以艺术化的方式巧妙结合起来。小屋的造型是结合太阳能,利用最大化的V字形屋顶以及南向坡的出挑形成了最大面积的南向BIPV单晶硅光伏屋面,可以实现建筑产能。但项目的建造地点在张家口,结构工程师提出出挑的大屋檐在北向冬季西北风的情况下会形成自下而上的巨大风荷载,对屋面结构极为不利。针对这个问题,建筑师提出在屋顶开洞口来缓解风荷载的影响,然而开洞仅仅只是常规的应对方法,既然在这样的空间形态下会使风速增加,索性提出在洞口布置垂直轴风力发电机,把风荷载这一不利因素转化为能源利用的优势,巧妙地解决问题的同时,又使风力发电机成为出挑屋檐下动态旋转的视觉焦点,呈现出浑然一体的艺术效果。

图 1-19　RCELLS 太阳能小屋剖面

在夏热冬冷气候区,通风与遮阳是应对夏季高温的核心策略,针对西晒的隔热与遮阳更是重要的设计策略。除了常规的东西向垂直遮阳和活动外遮阳外,可以创造更多的方式实现东西向太阳辐射的控制。泰兴水厂办公楼是一座零碳建筑(图 1-20),东西向的技术理念是防晒墙,又结合江南园林理念,设计了多孔而具有江南韵味的艺术防晒墙,同时结合夏季主导风向促进通风。

图 1-20　泰兴水厂零碳办公楼东西向艺术防晒墙

4.传统民居气候适应性技术的当代转译

在没有现代化设备时,各气候区的传统民居都从长期实践中摸索出了适应地域环境气候的建筑,无论是空间布局还是建筑构造,都呼应了当地的气候特点。如江南民居的冷巷、天井,有效呼应了夏热冬冷气候区通风、遮阳、除湿、隔热的气候特点;而广州民居的竹筒屋、多重天井、骑楼则呼应了夏热冬暖气候区通风、遮雨的气候需求。当代超低能耗建筑可以借鉴传统民居的气候适应性技术,并进行当代空间、材料的转译,形成新的设计创意。

江西九江棉船岛(图 1-21)是长江中的一个岛屿,规划打造为零碳岛。岛上的零能耗民宿设计从布局、空间到材料、构造,都借鉴了江西民居的特点。建筑布局参考了赣北民居厅井式的平面布局,内部天井不仅能提供热压通风,同时与内部多种檐下空间组合成风压通风的"廊道",满足散热需求。空间采用赣北民居典型的陡坡屋面+挑檐的方式,出挑的屋檐会在檐下形成大量的阴影区,有利于减少太阳辐射和外部热量的吸收。天井上方可开启的天窗形成冬、夏季的气候调节,高耸的楼梯间形成热压风塔。传统民居的技术原理用当代简洁的单坡屋面和胶合木体系进行表达,实现传统技术的当代转译。

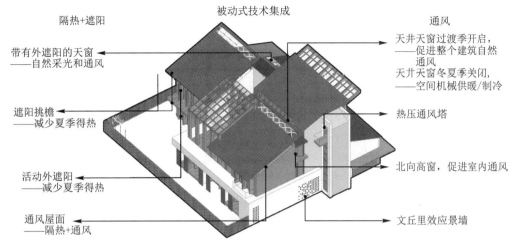

图1-21　江西棉船岛近零能耗民宿空间模式及被动式技术

　　传统建筑除了具有民居中的气候适应特色,还总结出很多特定气候环境下的特色空间,可以在超低能耗建筑方案中从源头实现节能。其中最主要的方法是利用气候缓冲区提供非供能空间,减少供能空间的面积。如在南方地区大量的室内外过渡空间、灰空间、檐下空间、架空及覆土空间等等,通过创造性地在方案设计中利用这些空间,并给这些空间设计良好的使用性能,如防雨、通风、防晒等,能大幅度降低空调负荷,降低投资和建筑运营能耗。

　　三亚多雨潮湿炎热的气候造就了当地建筑架空层的普遍应用,三亚抱前村零碳未来学校(图1-22)结合场地高差,设计了多层次的庭院和与之相互连通的架空层,同时借助水院、垂直绿化创造良好的室外活动空间,并借助可推拉隔扇,将室内外空间在适当的时间通透融合,尽可能多地创造不使用空调的活动空间。

图1-22　三亚抱前村零碳未来学校气候缓冲区空间

　　5.材料构造的被动式节能美学创意

　　建筑外装饰材料是建筑外观的重要媒介,也是方案创作的重点。作为外围护体系最外侧的元素,材料与构造也可以成为超低能耗建筑节能构思的源泉。不同材料的幕墙系统和表皮体系在这方面有巨大的创作空间,材料的不同肌理、排列方式、构造做法都可以对建筑表面气流组织、太阳辐射、蓄热隔热形成重大影响,方案设计可以从这些角度出发,形成材料的节能创意。

天津滨海中建新塘展示中心实体幕墙采用了宝贵石艺的增强混凝土轻型挂板,这种材料具有丰富的可塑性,建筑师可以根据自己的喜好和审美创作不同的材料肌理。针对这座超低能耗建筑,建筑师在方案阶段就针对宝贵石幕墙表皮进行了超低能耗节能表皮的材料创新尝试。方案设计中希望利用宝贵石表皮的肌理实现冬、夏季的蓄热和隔热,同时实现建筑表面夏季的通风散热,因此在构思阶段就在手机上勾画了表皮构造的草图(图1-23)。希望鱼鳞式的搭接排列方式能形成开放式的气流通道腔体,并在层间以黑色的金属条带吸热,促进气流热压上升,带走热量。同时在宝贵石表面的肌理创造上,希望每一个细小的齿条也能够呼应天津的太阳高度角,在冬季阳光能尽可能多地照射到重质的混凝土蓄热材料上,而在夏季较高的太阳高度角在齿条间形成相互自遮阳,深深的阴影减少表皮的吸热,同时借助热压气流带走热量,降低表面温度。根据这样的创意,再利用从性能模拟到构造深化的多种方式进行推敲,并在材料加工厂对齿条肌理的加工方式进行比较,最终形成了独特质感的节能表皮幕墙材料(图1-24),而这种材料的肌理确定,一方面来自美学,另一方面来自科学。

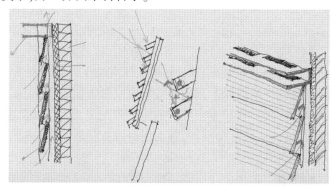

图1-23 天津滨海中建新塘展示中心表皮材料构思草图

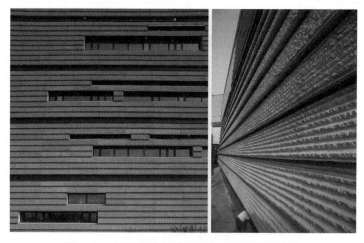

图1-24 天津中建新塘展示中心表皮肌理效果

(三)光伏建筑一体化下的建筑造型表现

近零能耗、零能耗建筑乃至零碳建筑、产能建筑中,BIPV(光伏建筑一体化)是必不可少的技术组成,从而光伏不再仅仅是技术设备,而成为构成建筑表现的形式要素,未来建筑也将从能源的消费者变成能源的生产者。光伏产品可以作为屋顶、墙面、幕墙、遮阳、表皮等建筑造型要素纳入到方案设计之中。光伏建筑一体化的核心不是光伏产品作为附加的要素附着在原有的建筑屋面、墙面之上,而是光伏产品建材化,直接成为替代传统建材的光伏屋面、光伏瓦、光伏玻璃幕墙、光伏立面幕墙等,一方面给建筑围护体系的材质选择带来更多的可能性,另一方面也赋予外围护建材复合的发电功能。

除了作为建筑造型的形式要素之外,光伏产品还可作为建筑空间塑造提供支持,借助光影、质感等技术特征,创造新颖的空间氛围。在这方面,新型透光光伏产品具有得天独厚的条件。薄膜光伏玻璃是非晶硅薄膜光伏技术在建筑玻璃上的应用,保温性能也能达到被动式超低能耗建筑透明围护结构的传热性能要求,可以作为被动式玻璃幕墙或天窗使用。薄膜光伏玻璃可制作成不同颜色和不同透光率的产品,应用在建筑天窗可以在室内形成绚烂的彩色光影效果。天友零舍(图1-25)和怀来湿地博物馆(图1-26)都采用了彩色薄膜光伏玻璃顶,零舍应用在被动式太阳房的顶面,10%的透光率产品既能不损失发电效率过多,也能在夏天实现遮阳的效果。怀来湿地博物馆将彩色薄膜光伏设置在二层公共的廊桥空间顶面,在休息厅和咖啡厅形成斑斓的彩色光影效果。

图1-25 天友零舍被动式太阳房
彩色光伏　　　　图1-26 怀来湿地博物馆公共空间
的彩色光伏廊桥的艺术光影

(四)总结:绿色技术与建筑艺术的融合

超低能耗建筑方案创意来源于将技术原理和技术策略用建筑设计的语言进行形式转化,如空间、形态、材料、色彩等等。建筑形体生成过程可以看作是应对环境的一系列技术原理逐级推进而得到的,建筑立面也可以呼应不同朝向的气候特征。性能优异的超低能耗建筑方案来源于被动式技术体系的集成应用。围绕核心策略的技术集成,可以通过特定气候区的特色空间、传统民居气候适应性技术的当代转译、艺术化的空间造型处理、材料创新以及光伏建筑一体化,形成独特的超低能耗建筑方案创意。

第二章　产能建筑设计思路

一、产能建筑定义

产能建筑的宏观定义为:所产生的能量超过其自身运行所需要能量的建筑。在《近零能耗建筑测评标准》(T/CABEE 003—2019)中的零能耗建筑及产能建筑定义为:零能耗建筑是近零能耗建筑的高级表现形式,其室内环境参数与近零能耗建筑相同,充分利用建筑本体和周边的可再生能源资源,使可再生能源年产能大于等于建筑全年全部用能的建筑,其建筑能耗水平应符合现行国家标准《近零能耗建筑技术标准》(GB/T 51350—2019)的相关规定;当零能耗建筑使可再生能源年产能大于建筑全年全部用能110% 时,这种零能耗建筑也可称为产能建筑。

二、设计思路

在产能建筑设计过程中,追求的是"最小化的能耗+最大化的产能"。建筑师不能只考虑使用大量的可再生能源去平衡用能这一种简单粗暴的思路,而是需要从建筑本身去考虑建筑形体、造型和材料上是否会对建筑能耗造成有利或者不利的影响,以及节能技术的性能化设计及耦合,同时综合考虑建筑的产能与用能之间平衡的问题。比如,在可再生能源类别的选用中,哪种类型的可再生能源适配哪种类型的建筑;产出的"能"如何合理规划利用的问题;生活热水热源的选用方式,哪种生活热水的热源适合哪种场景;不同类型的建筑整体蓄热及热惯性、钢结构、混凝土结构、木结构等;电梯能耗和插座能耗的问题;这些都需要综合考虑。项目在设计阶段的"用能"和"产能"需要从以下几点重点思考和分析。

(一)建筑节能是"量"的问题还是"率"的问题

根据《近零能耗建筑技术标准》(GB/T 51350—2019)要求,近零能耗居住建筑对于能耗的约束有建筑综合能耗值的要求,还有供冷供暖能耗值的要求;对于近零能耗公共建筑中针对本体节能率和综合节能率提出要求,对能耗的具体数值并未做约束。但是产能建筑作为零能耗建筑的高级形式,能使可再生能源年产能大于建筑全年全部用能的110%。对零能耗建筑和产能建筑而言,建筑的能耗是个绝对数值,计算可再生能源是否可以覆盖建筑全部用能过程,需要使用建筑全部用能与可再生能源产能进行比对计算。

产能建筑在设计过程中需要对节能率和绝对能耗进行并行考虑。对于产能公共建筑而言:第一步,先要达到60%的综合节能率要求,也就是先要达到近零能耗建筑"率"的要求;第二步,需要来考虑设计建筑终端全部能耗值,利用可再生能源对建筑终端能耗值进行覆盖,在这个阶段,需要思考的则是"量"的概念;最后一步,根据可再生能源年产能是否大于建筑全年全部用能110%的要求来定义是否属于产能建筑。所以,产能公共建筑是"率→量→率"的一个过程。

对于产能居住建筑而言:第一步,能耗绝对数值要达到近零能耗居住建筑的要求;第二步,可再生能源设计要覆盖建筑的全部终端用能;最后一步,判断可再生能源年产能是否大于建筑全年全部用能的110%。所以,产能居住建筑是"量→量→率"的过程。

在产能建筑设计中,针对建筑本体能耗,需要秉着"最小化建筑能耗"的思路进行设计优化,考虑哪些地方产生能耗,哪些地方可以降低能耗,如何利用免费能源等。

(二)"产"能的可再生能源类别选用问题

地源热泵系统、空气源系统、光伏系统、光热系统在能耗计算的过程中都可以定义为可再生能源。其中地源热泵系统、空气源系统和光热系统在使用过程中,无法直接产生电能供给照明、电梯、常规用电设备,它们所产生的可再生能源一般用于暖通系统及生活热水,也就是说在建筑物不使用生活热水和暖通系统的时候,地源热泵系统、空气源系统和光热系统并不会有直接"产能"的发生。但是,常规用电是一年四季都会发生的,就算建筑物的冷热源设备及生活热水热源全部由地源热泵系统、空气源系统和光热系统提供,也只能覆盖供冷、供暖及生活热水的能耗,无法覆盖照明、电梯、常规用电设备,只靠地源热泵、空气源和光热系统是无法实现产能的。所以,要实现产能建筑,光伏发电系统必不可少。

图2-1为某试点示范项目能耗占比分析图。

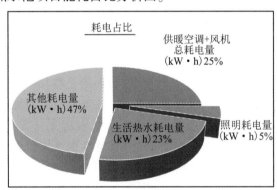

图2-1 某试点示范项目能耗占比分析

由图可知,在建筑全年全部能耗中,能耗量最大的并不是暖通类设备和生活热水的能耗量,而是直接需要电能的常规用电和照明用电,而且在产能建筑性能化设计过程中,随着建筑物越来越节能,建筑的冷热负荷降低到极致后,地源热泵和空气源热泵对于暖通而言带来的可再生能源收益是有限的,为了增大建筑产能收益,常规用电能耗必须解决,光伏发电系统就是最好的选择。

除此之外,设计师还需要考虑经济性和后期维保。地源热泵一旦损坏,后期维修是相对困难的;另外,地源热泵会影响施工进度,一般地源热泵钻井的时间在地下室垫层施工之前,只有等到地源井全部施工完毕才可以进行筏板垫层的施工,会影响总体施工进度。光伏系统一旦有局部损坏,光伏板则可以直接替换。

在土体热响应较好的地区,土体温度比较稳定,换热效率高,使用地源热泵较为划算,在南方北方均可以使用。在夏热冬冷地区,高效率的空气源热泵使用起来性价比高,并且夏季供冷冬季供热,还可以提供生活热水;但是在严寒地区,冬季供暖空气源热泵无法有效运行,夏季供冷时间又很短,使用空气源热泵就不是很划算。光伏系统只要是在有光照的情况下,就可以源源不断地产生电能,并提供给各种用电设备使用。

所以,要根据不同的气候区,辅以不同的可再生冷热源。

(三)可再生能源利用面的问题

一般来说,能够实现产能的建筑高度和体积一般不会太高、太大,体形系数较大的平房和低层建筑反而更容易实现产能,这是由于可再生能源利用面积所致。越是高层建筑,可再生能源覆盖的面积相对于建筑面积越小,平房和低层建筑反而越大。尤其是光伏发电系统,平房和低层建筑的光伏可铺设面更大,平均到建筑面积的单位发电量就会更多。

不是所有的建筑都适合做成产能,不是所有的建筑都可以做成产能,建筑的产能不能"硬"实现,这是产能建筑设计的一个重要理念。

(四)产出的"能"如何合理规划利用的问题

如果多余的产电只是并网的话,经济性并未最大化地利用,因为并网绿电约 0.38 元/(kW·h),如果使用市政用电,约 0.78 元/(kW·h)。所以,与周边用电设备或建筑之间形成贯通微电网群,产能及储能智能管理就尤为重要,好的光伏智能管理策略可以减少产能并网卖绿电,优先自己或者周边建筑消化利用。

下面为某试点示范项目光伏电利用策略。

根据美国国家航空航天局(NASA)与 Metenorm 软件查得的气象数据,该项目水平面年平均日照峰值小时数为 1254 h,属于四类光资源较丰富地区。结合屋顶资源及室外空地,项目光伏组件安装面积约 370 m²,拟采用 450 Wp 单晶硅双玻组件 172 块,装机容量 77.4 kWp。除去建筑本身全部用电后,建筑全生命周期平均每年产能 42 322.26 kW·h。

白天阳光充足时,光伏发电供应建筑物负荷,多余发电给储能充电;当储能充满,光伏发电仍有富余时,余电上网。白天阳光较弱时光伏发电无法满足建筑物负荷,储能放电;当储能放电仍无法满足建筑物供电时,利用市电给建筑物供电。晚上通过储能放电给建筑物供电,当储能放电无法满足建筑物供电时,利用市电给建筑物供电。

本项目储能电池采用磷酸铁锂电池,电池容量按 10 kW 充放电功率、2 h 规模进行配置,考虑磷酸铁锂电池充放电深度 90%,故储能系统初步规划为 10 kW/22.4(kW·h)。

因为白天时间段阳光资源丰富,产出大于消耗,为消减间歇式电源的波动,建筑物尽可能地使用光伏发电,电池储能系统在微网中就会不可或缺。白天时间段,光伏系统富余电能可以存储至储能单元;当光伏功率不足或者夜间时,建筑物负荷由储能单元供电。建筑物在下午 6 点关闭停用的时候,储能可放电约 2 h,用于园区路灯照明、路面灯带等约 10 kW 负荷。

(五)照明能耗问题

在照明设计过程中,不仅需要考虑利用节能照明器具,降低照明功率密度,还要考虑如何利用免费的自然采光。在公共休息区域,最大化地利用天然采光,并辅以光照强度自动调节照明器具,在卫生间等辅助房间使用自动开闭的光源器具。

(六)生活热水问题

如果使用的电加热系统能耗过大,则不利于产能建筑的实现。为了降低生活热水的能耗,尽量考虑免费热量,其中太阳能光伏光热一体化系统(PVT系统)+空气源热泵系统(图2-2)是一个很好的选择,但有一个前提条件,就是在空气源热泵可以有效运行的气候区使用。

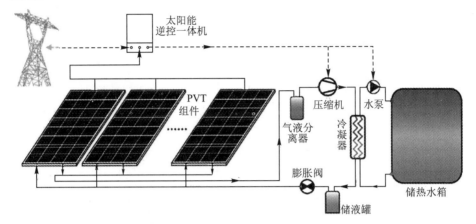

图 2-2　光伏与热泵系统耦合:PVT系统+空气源热泵系统

对于光伏发电来讲,高温会导致光伏组件输出功率下降。光伏组件一般有3个温度系数,即开路电压、峰值功率、短路电流。当温度升高时,光伏组件的输出功率会下降。光伏组件的峰值功率温度系数在0.35%/℃~0.50%/℃之间,即温度升高,光伏组件的发电量降低。理论上,温度每升高1℃,光伏电站的发电量会降低0.50%左右。

夏季的光伏产能是最多的,但也是光伏板温度最高的时候,所以夏季光伏的发电效率会大打折扣。如果使用光伏板的余热对生活用水进行初步加热,就可以利用光伏板上这一部分免费的热能,不仅可以降低生活热水能耗,还可以增加光伏板的发电效率,之后再利用空气源热泵对生活用水进行二次加热。

光伏与热泵系统耦合原理是在太阳能电池发电过程中,利用工质带走多余热量,在蒸发器(PVT组件)和冷凝器(水箱)之间形成换热,降低组件表面温度,提高发电量和集热量,同比发电量增加高于10%,比常规集热板热量增加20%~30%。通过吹胀式集热/蒸发器与太阳能电池的高效耦合,实现单一组件的热电联产,在高效集热的同时降低光伏组件工作温度,提高了发电效率。表2-1是某项目的PVT系统能耗分析。

表 2-1　某项目的 PVT 系统能耗分析

月份	光伏板发电量 /kW·h	每月 供水/t	每月供水主机耗电量 /kW·h	每月供水水泵耗电量 /kW·h	能耗 /kW·h
1	76.39	71.34	663.48	76.44	663.53
2	90.51	64.44	599.28	69.04	577.81
3	109.46	71.34	663.48	76.44	630.46
4	144.34	69.04	642.08	73.97	571.71

月份	光伏板发电量 /kW·h	每月供水 /t	每月供水主机耗电量 /kW·h	每月供水水泵耗电量 /kW·h	能耗 /kW·h
5	171.25	71.34	663.48	76.44	568.67
6	159.79	69.04	642.08	73.97	556.26
7	185.64	71.34	663.48	76.44	554.28
8	162.69	71.34	663.48	76.44	577.23
9	138.79	69.04	642.08	73.97	577.26
10	113.81	71.34	663.48	76.44	626.11
11	84.84	69.04	642.08	73.97	631.21
12	72.77	71.34	663.48	76.44	667.15
合计	1510.28	839.98	7811.96	900	7201.72

（七）建筑整体蓄热及热惯性问题

公共建筑在设计过程中，一般会考虑设备运行时间，因为许多设备不需要全天开启，如在夜晚无人使用的区域，暖通照明等设备就会处于关闭状态；冬季白天的太阳得热会在夜晚流失，夏季白天暖通设备所产生的冷量会在夜晚逐渐流失。这时，要考虑如何降低设备关闭后的室内温度波动，建筑物的蓄热能力就显得尤为重要，特别是使用高蓄热材料。如果建筑物主要材料是如混凝土的重质类材料，建筑物的蓄热能力较好；如果使用钢结构，则蓄热能力较弱。

使用相变材料中的相变蜡作为蓄热材料，将相变蜡安设在吊顶夹层中及部分墙体里，可以增加整个建筑物的热惯性和蓄热能力。相变材料是指随温度变化而改变形态并能提供潜热的物质。相变材料由固态变为液态或由液态变为固态的过程称为相变过程，这时相变材料将吸收或释放大量的潜热。当环境温度超过目标温度时，内部的相变材料吸收热量（熔化）；当户外温度下降时，相变材料放出热量（凝固），从而将室温维持在人体舒适范围内。

相变材料在冬季白天会储存太阳得热，在夜晚关闭系统后，相变材料会缓慢释放出白天吸收的热量，维持室内温度，减少温度波动。相变材料在夏季会储存白天暖通空调产生的冷量，当夜晚关闭系统后，相变材料会缓慢释放白天储存的冷量，维持室内温度。

在过渡季节，由于白天温度比室内温度高，但是夜晚温度比室内温度低。白天相变材料熔化吸收多余的热量，维持室内温度；夜晚采用自然通风，将室外冷空气引入室内，相变材料凝固释放出白天吸收的热量，并利用室外冷空气对相变材料自身进行降温蓄冷。根据不同气候区的主导风向设置合理的开窗面积，不仅可以增加冬季太阳得热，而且可以增加过渡季节开窗蓄冷的速度。

（八）电梯能耗问题

电梯作为主要的运输工具，其能耗影响着产能建筑的实现。首先，根据 VDI4707-电梯能效认证标准,待机能耗占总电梯能耗的 40% 以上,待机时间越长,所占比例越大。利用率较高的公共建筑,待机能耗所占比例有所下降,但是以上班族为主的居住建筑,白天和深夜电梯利用率比较低,待机能耗能占到总电梯能耗的 60% 以上。为了减少电梯的待机能耗,要注意以下几个方面:

（1）变频系统。变频器是电梯驱动系统的核心部件之一,将变频器待机时的耗能排除,可节省很大一部分的能量损耗,变频器本身可以加装休眠待机功能,在电梯待机后的一定时间内,自动切断变频器。当主控制器响应外呼信号后,变频器立即重启。

（2）轿厢照明和通风。轿厢照明可以使用节能 LED 灯,还可以加设轿厢照明和通风系统休眠功能,在无人使用的时候,关闭轿厢照明和通风,有人使用的时候再进行重启。

（3）门机保持力矩。通过优化门机变频器程序,在待机状态下,门机变频器不再输出,保持力矩。

（4）电梯运行模式。使用能量回馈装置来收集电梯再生能源,可以节省 20%～30% 的耗电量。使用无齿轮永磁同步曳引机,因其转子部分采用高性能永磁材料,无须提供定子励磁电流,转子无电流无损耗,功率因数可达到 1。

三、项目案例

本项目体形系数为 0.35,使用场所为便利店、休息区、管理用房、淋浴间、卫生间等,其他信息详见表 2-2～表 2-4。

表 2-2　项目基本信息表

气候分区	夏热冬冷 A 区	
结构形式	钢结构	
建筑朝向	南偏西 21°	
能耗指标计算面积	336.63 m²	
建筑面积（计算）	总面积:373.25 m²	地上:373.25 m² 地下:0 m²
建筑体积（计算）	总体积:1902.3 m³	地上:1902.3 m³ 地下:0 m³
外表面积和体形系数	总外表面积:675.66 m²（体形系数:0.35）	
建筑层数	地上一层	
建筑高度	5.1 m	

表 2-3　朝向、窗墙面积比信息表

朝向	外窗面积/m²	朝向面积/m²	朝向窗墙比
东	37.22	71.75	0.52
南	40.63	44.63	0.9
西	93.56	99.65	0.94
北	33.71	100.06	0.34
合计	205.12	316.09	0.66

表 2-4　建筑关键部品性能参数

建筑关键部品	参数	指标要求	本项目设计值
外墙	传热系数 K 值/[W/(m²·K)]	0.15~0.40	0.34
屋面	传热系数 K 值/[W/(m²·K)]	0.15~0.35	0.27
地面	传热系数 K 值/[W/(m²·K)]	—	0.50
外窗	传热系数 K 值/[W/(m²·K)]	≤2.2	1.0
	太阳得热系数综合 SHGC 值（东南西北）	冬季≥0.40	0.45
		夏季≤0.15	0.1
	气密性	8 级	8 级
	水密性	6 级	6 级
用能设备	变制冷剂流量系统（VRV）	能效比（APF）	能效比（APF）
		—	4.5
空气热回收装置	全热回收效率/%	≥70%	冷回收:67%;热回收 75%

结合上述基本情况,围绕产能公共建筑的指标要求,不断优化相关技术,最终形成了项目经济、合理、可行的技术方案,方案包括高性能的围护结构保温、高性能三玻两腔外窗、细致的近无热桥节点处理、完整的建筑气密层、带高效热回收的新风系统,并采用多联机热泵作为冷热源,除此之外,采用追光遮阳降低夏季太阳得热;吊顶内安设相变材料毯,平衡温差,降低温度波动;墙面涂刷无甲醛的涂料,改善空气质量。

外墙、屋面、首层地面的保温分别采用 100 mm 岩棉、100 mm 挤塑聚苯板、50 mm 挤塑聚苯板。由于建筑为圆形,为了不影响外观效果,外窗全部设置中置活动遮阳。在不影响冬季太阳能得热的前提下,尽可能降低夏季制冷负荷。

本项目生活热水用量较多,且集中在傍晚时刻,在考虑使用的不确定性和无燃气情况下,采用 PVT+空气源热泵供应生活热水,使用 PVT 光伏板 4 块,空气源热泵 1 台,供水水泵一台。每天设计使用人数为 70 人,人均用水 40 L,日用水量 2.8 t,并配置 3 t 水箱一个。其中,每吨热水热量为 46.5 kW·h,主机制热水全年平均能效为 5.0。

考虑太阳能光伏发电,结合屋顶资源及室外空地,安装面积约 370 m²,共安装 450 Wp 单晶硅双玻组件 172 块,装机容量 77.4 kWp。

表 2-5 为建筑年能耗分析汇总。

表 2-5　建筑年能耗分析汇总　　　　　　单位:kW·h

能耗类型	设计建筑		参考建筑	
供暖空调	$E_{1,Hvac}$	7 654.15	$E_{0,Hvac}$	15 639.53
照明能耗	$E_{1,Lt}$	1 417.08	$E_{0,Lt}$	4 082.49
生活热水能耗	$E_{1,hw}$	7 201.72	$E_{0,hw}$	18 845.81
常规用电能耗	E_1	14 870.4	E_1	14 870.4
能耗总计	E_T	31 143.35	E_T	53 438.23
可再生能源能耗				
光伏发电总计	$E_{1,r}$	−73 465.61	$E_{1,r}$	0
汇总				
建筑总能耗	$E_{1,all}$	−42 322.26	$E_{1,all}$	65 244.13

注:上面显示为负值的为产电量,正值为耗电量。

项目能耗共计31 143.35 kW·h。可再生能源形式采用光伏发电系统,25 年全生命周期平均每年发电量为73 465.61 kW·h,建筑全生命周期平均每年产能42 322.26 kW·h。设计建筑的建筑综合节能率为 248.26%,建筑本体节能率(不包含可再生能源及常规用电)为 57.79%,可再生能源利用率(不包含常规用电)为 449.44%。

四、展望

随着国家碳达峰碳中和重大战略部署的实施,建筑节能技术和节能设计需要随着时代的发展不断地更新迭代。可再生能源的大力推广和利用可以大大降低建筑物的一次能源消耗,实现"开源";而超低、近零能耗类建筑技术的运用,实现了"节流"。如果将两者相互结合,并将开源节流的技术运用到极致,就会有产能建筑的出现。产能建筑作为节能建筑的终极形式,国内乃至国际达到这个标准的建筑数量目前不是很多,但是可以乐观地预见,在不久的将来,产能建筑将成为重要的建筑形式。

第三章　单户住宅超低能耗改造全过程实施

本章结合单户住宅超低能耗改造的特点,从业主关心的舒适性、施工把控、运行维护、经济性等方面着手,阐述改造全过程,并为单户住宅超低能耗改造和行业发展提出有价值的建议。

一、项目特点

单户住宅超低能耗改造相比新建建筑来讲有其特殊性,主要表现出以下特点。

(一)单个项目体量小但总体市场巨大

项目体量小不代表技术难度低,单户住宅改造面临的最大问题一是业主的专业度不够,二是少有专门的团队去实施。单户住宅因为不可能像工程项目那样分工明细,配备齐全的专业技术管理人员,往往需要有一个现场经理负责所有质量的把控,对现场经理的技术能力要求更高。由于项目体量小,预算有限,专业的大公司实施成本较高,无法提供完整的服务,如果还要驻场就更难以实现。普通的装修公司没有相应的技术实力,无法提供专业的服务。这是现阶段单户住宅改造的最大矛盾。

现阶段,整栋住宅按照超低能耗改造短期内很难实施,虽然单个项目并不大,但人们对于居住品质的提升有着比较迫切的愿望,因此市场存量和市场潜力非常大。超低能耗改造一般同室内装修一起完成,两者会相互影响,专业的超低能耗建筑企业需要同传统装修公司相结合,共同完成改造工作。

(二)大多为内保温改造

由于外立面通常限制较大,不可以大动,所以单户住宅一般采用内保温改造。内保温施工有两个主要问题:一是占用室内空间,如要做 100 mm 厚的内保温,对于 100 m² 的房子来说,要占用 4 m² 的空间。一般来说面积越小,占的面积比例越大。二是内保温还有热桥的问题,如果不能处理好,后期使用时会出问题。所以相比普通新建建筑来说,改造项目技术要求更高,更需要精准精细的设计。

(三)单价较高

相比新建建筑,改造项目的单方成本约是新建建筑的两倍。一般情况下,项目越小单价越高,门窗更换越多,单价也会越高,但不同项目的单价会有区别。因为业主对施工质量的要求更高,人工成本也比普通施工更高。

单户住宅改造的增量成本主要体现在门窗和保温两个部分。其中门窗的增量与窗墙比相关,单户和整个建筑区别不大。对于保温来说,体量越大,单位面积的保温越少,保温增量所占的比例也越小。

(四)业主想法多、变化大

单户住宅改造最大的不可控因素就是业主的想法多、变化大,尤其是门窗部分,想法的改变有可能会让采购好的材料设备陷入不用又不能退掉的尴尬境地,所以要在施工、采购前和业主沟通到位。

建议门窗采用大分格,也就是大窗户。这样不仅视野好,也更节能。这里需要同物业沟通清楚,如果物业需要保证外立面同其他窗户保持一致,有时会要求维持原分格。同时窗户也不能太大,如果单扇窗户的尺寸超过电梯的尺寸,会带来额外的吊装费用,这也是经常产生争议的地方。设计人员需要在施工前了解现场情况,看看具不具备人工搬运的可能。

除了窗户,新风的安装也要提前与业主沟通是否能接受打孔,一般来说低于梁高1/4的孔洞,只要不穿过纵向钢筋都是在安全范围内的。但是并不是所有业主都可以接受这一做法,而且有些时候物业也不允许穿梁,这就需要根据实际情况选择其他方案。不同的方案会导致新风管路的变化,新风管路的变化又会导致造价、噪声、风量等一系列的变化。这些都需要前期充分的沟通,有些业主怕麻烦会完全授权装修公司,但后期又会有顾虑。

(五)施工周期短

顺利的话,一般一个单户住宅的改造工期从门窗到场开始算大概需要两周时间,门窗的制作和前期的沟通大概需要两个月时间。从门窗到场开始,整个施工会非常紧凑,各工种之间通常会穿插施工。单户住宅一般现场空间也不会很大,这就要求在门窗制作过程中规划好各工序的进场时间和施工时间,这对施工方和项目经理来说都是不小的挑战,成熟的技术体系、有经验的现场经理以及其他工种的配合都非常重要。

(六)后期维护时间长

工程项目一般都有质保期,正常情况下为一到两年。但是对于单户住宅业主来说,希望质保期是越长越好。正常情况下运行一两年没有问题,后面就不会有问题了。但是还必须考虑门窗后期的下沉、滤网的更换以及热桥处理不到位引起的发霉等问题。所以一般需要设置一个比较长的维护时间来打消业主的疑虑。在维护期内除了像滤网这种损耗性物品更换需要费用,其他物品都应该免费提供维护服务。目前来看,超低能耗建筑使用的产品质量都远超常规建筑材料,这方面并没有太大的风险,主要还是设计方案的合理性以及施工质量控制。

二、舒适性

业主对超低能耗建筑的理解程度不一样,在实际项目中遇到的业主有以下几种:一部分业主对超低能耗建筑有较深的理解,并非常感兴趣且认可这一技术体系;一部分业主在亲朋好友那儿体验过觉得不错,然后希望尝试;还有一部分业主则完全不知道是什么,觉得是一种新技术,愿意尝试一下。本节从舒适性角度,让大家对超低能耗建筑特点有更深入的了解。

（一）温 度

在描述温度时,有时候简单的"恒温"一句话就带过了。实际上超低能耗建筑内的温度舒适性相比普通建筑要高很多。比如在冬天,同样是 20 ℃,超低能耗建筑要比普通建筑让人感受更舒适、更暖和一些。

温度舒适性有两个细化指标,即温度均匀性和表面温度。普通建筑冬天我们可以通过空调、暖气片或地暖等设备将室内温度设置到 20 ℃,但设置的温度并不是房间的普遍温度。一般设备附近是这个温度,远离设备温度会低一些,不同高度温度也不一样,在窗户边和墙边也会觉得更冷。为了实现表面温度的温差小,对窗户的传热系数即 U 值提出了更高的要求。因此超低能耗建筑的产品性能参数的选择不只是从节能角度,还要从舒适性角度去考虑。

（二）湿 度

湿度的情况和温度类似,标准规定超低能耗建筑室内的湿度在 30%～60% 之间,也就是"恒湿"。恒湿并不是湿度保持某个值不变,而是在一个区间,在这个区间内人会感觉舒适。在提到湿度的时候,需要同时提到温度,只有在温度和湿度都满足要求的时候人才会觉得舒适。所以确切的描述是室内温度在 20～26 ℃,相对湿度 30%～60% 的时候人会觉得舒适,这也是超低能耗建筑对温湿度的要求。

需要注意的是,并不是超过这个温度或者相对湿度就会不舒适。有人喜欢热一点,有人喜欢冷一点,有人喜欢风大,有人喜欢风小,要根据业主需求控制。比如夏天的时候,有人觉得 26 ℃ 舒适,有人会觉得有点冷,有人觉得 28 ℃ 刚刚好,这个不需要去争论,觉得哪个温度或者湿度适宜去做相应的调整就行了。相比普通建筑来说,超低能耗建筑在湿度上最大的优势就是可控,后面我们在提到其他舒适性的时候还会提到这个优势。可控的湿度下即使在卫生间和厨房也不会太湿,更不会在冬天和黄梅天结露。

（三）新 风 系 统

随着生活水平的提高,在装修过程中主动安装新风系统的业主数量也在逐渐增加,新风系统对于超低能耗建筑则是标配。安装新风系统的目的是考虑建筑在高气密性下必须引入机械通风换气,但这并不意味着窗户不可以开,相反在过渡季节我们鼓励通过开窗通风来实现室内的舒适性。

新风系统在超低能耗建筑中除了满足通风要求之外,还需要同时实现热回收和过滤两个功能。通过加装过滤芯,新风可以过滤 90% 以上的灰尘,让室内的空气质量比室外还要好,也就是"恒洁"。从已有的项目看,超低能耗建筑的室内空气质量可以实现常年为优。部分业主担心门窗关闭会导致室内发闷,但从实际体验来看不必有这样的顾虑。以 150 m² 的居住建筑来说,假设房间里面有 5 个人,新风系统设计风量为 150 m³/h,而在实际项目中我们选择的新风量会根据使用习惯进行相应的放大,也就是设计风量一般为 200～300 m³/h,在这个新风量下,大概室内每两个小时换一次气,不会有闷的感觉。即使按照 150 m³/h 风量来算,家里的空气 3 个小时就完全换一次。

新风系统容易出现的问题并不在于设计风量不够,而是在于设计的风量路径不对,所以要合理地布置管路以及分配各个房间的新风量。还是用 150 m² 的房子举例,假设有三个卧室、一个客厅、一个卫生间和一个厨房。新风系统在设计的时候分为新风房间和排风房间,比如卧室和客厅属于新风房间,卫生间和厨房属于排风房间。一般来说,给客厅最大的风量,三个卧室根据面积分一下,大房间风量多一些,小房间风量小一些。这样的分配有时候并不能满足使用,因为有些房间住两个人,有些房间住一个人,所以实际应该按照人员密度来分配更合理。房间多分配一些,客厅少分配一些。因为室内的新风量最终出来的时候还会经过客厅,即使人都在客厅,房间没有人,那么新风量也不会浪费,最终在客厅使用。

不能满足于安装新风系统,还要考虑到后期的使用,要让新风系统发挥该有的功能,才能保证不会出现新风量不够的情况。

(四)噪声

控制噪声就是"恒静"的意思。从实际体验来看,相比普通建筑,超低能耗建筑能隔绝大部分的噪声,在窗户不开的情况下,周边如果有施工、装修或者汽车通过产生的噪声,在室内几乎听不到。从隔绝室外噪声来讲,超低能耗建筑确实做得非常好。但是不能忽视的是室内噪声的处理,尤其是来自新风机的噪声。一般超低能耗建筑专用的机器在各方面都比常规机器好很多,但在使用过程中收到的噪声方面的反馈也很多,原因就是当室外噪声隔绝得非常好之后,室内的一点噪声都会表现得很明显,而新风又是 24 h 一直运行,所以新风的噪声就很明显。通过测试发现,其实噪声值并不高,但是体验不舒服,这就要考虑造成这种现象的主要原因,并不是新风机的质量不过关,而是需要降低新风的噪声对室内的影响。

我们要从设备和管道两个部分去处理这个问题。从设备角度来看就是如何把噪声隔在一个空间里让它不要传递到室内。主要的解决方案是把新风机放在室外单独的设备间,或者放在吊顶里,或者单独给设备做一个用隔音材料包裹的盒子。但即使做到这一点,设备噪声还是会通过管道和吊丝以及支座传递过来,这些可以通过柔性连接等措施来处理。除了设备噪声之外,新风通过管道产生湍流之后也会产生噪声,处理的方式一般有以下三种:一种是通过管道的优化降低噪声的产生,比如通过喷射口的设置减少管道的长度和弯头数量;另一种是通过合理的选择管道直径降低风速,超低能耗建筑一般要求主管风速不超过 3 m/s,支管风速不超过 2 m/s;最后一种是通过主管和支管加装消音器进一步降低噪声对末端房间的影响。

(五)灰尘

隔绝灰尘也就是"恒洁",这个优势在后期使用的时候会体现得特别明显。根据经验,一般超低能耗建筑即使半年不住,再次进去也不会看到家里有灰尘,主要原因就是良好的气密性。这个气密性不光体现在门窗本身的气密性非常好,不容易出现漏风的现象,还有建筑所有和外部联通的部位都需要进行气密性处理。不光可以让家里没有灰尘,同时也是新风系统高效率运行和节能的保障。

(六)潮湿、发霉

潮湿和发霉放在一起来讲,实际上就是家里会不会结露。南方黄梅天,室外高温高湿的空气遇到冷的物体表面会产生结露,地下室潮湿也是这个原因。超低能耗建筑由于室内恒温,而且温度差小,没有特别薄弱的位置,所以即使黄梅天开窗通风也不会出现结露的问题。除了黄梅天会结露,在冬季,如果室内有暖气,窗户的位置有时候也会有小水滴,对于超低能耗建筑来说就没有这样的困扰,因为窗户的保温性能足够好,不会出现窗框过冷结露的现象。

三、施工质量

施工质量是单户住宅最关心的问题,小项目一般很难找到专业稳定的施工队伍。单户住宅装修项目一直以来乱象丛生,政府层面没有像工程一样的检查验收程序,所以用户自检和队伍自检就非常重要。保温做到什么程度算满足要求,气密性怎么保证,热桥怎么处理都需要考虑。下面从材料设备、施工和质保承诺三个方面给出一些实用方法,帮助业主保证基本施工质量。

(一)材料设备

大部分业主对超低能耗建筑专项材料是陌生不懂行的,指望业主去识别材料的质量几乎是不可能的事。即使对于专业工程师,如果不是长期和施工打交道,对于材料的质量也无法做到很好的识别。简单有效的方法就是,让厂家提供产品名称和检测报告,业主自己去产品官网查看,然后再对照标准规范看一下参数是否满足要求。如果这个材料设备在很多超低能耗项目中使用,一般来说就没有问题。不建议非专业人员在不熟悉的情况下,使用完全陌生的产品。

(二)施工

从已有的项目经验来看,在没有监督的情况下,即使是熟练工人也无法保证施工质量。如果找不到专业监督人员,可以在施工的时候同施工队伍签订协议,如果后期检测发现任何问题就要返工重做,并自行承担费用。采用红外成像检测可发现施工中出现的保温质量和热桥问题。曾经有一个项目,前前后后用红外成像测试了 5 次,最后才整改完成。所以在质量监控这个问题上不能偷懒。企业都会注重质量,在公平公正的检查之后,今后施工他们就会加以注意。红外成像也不是什么问题都能发现,如保温粘接不牢这样的问题就发现不了,还需要采用其他方式去检测。

(三)质保承诺

一般装修的质保期很短,这就导致很多施工在装修完成的一两年内并没有问题,而一旦过了质保期就开始出现问题,尤其是许多隐蔽工程出现问题之后,后期维修费钱费力。所以,除了现场监督之外,还需要通过质保承诺来实现。可以通过合同确定更长的质保期,比如质保 10 年,10 年内出现质量问题免费维修。在 10 年质保的要求下,实施的企业也会自发地提高施工质量,减少后期维护的成本。

在实际实施的情况下,可以通过一些写入合同的约定来打消用户的顾虑,同时也约束施工单位的施工质量。比如可以通过提供电费无忧的保证,承诺如果一年新风和空调用电超过 20 元/m² ,超过的部分我们可以承担一半的费用。如果低于承诺的费用,赠送滤网。通过这样的方式鼓励大家节能运行,不需要开空调的时候可以不开,或者开空调的时候窗户不要开。建筑最终使用表现和业主的使用方式有很大的关系,合理地使用超低能耗建筑才能做到既节能又舒适。

(四)改造和装修的交叉

超低能耗的改造主要集中在保温、门窗、新风和气密性几个方面,但存在需要和隐蔽工程等交叉施工的问题。

水电改造在超低能耗建筑改造之前就需要完成。电线的改造需要注意的是在后期预留线头要长一些,确保穿透保温后还有足够的安装长度。水管的改造如果涉及有保温层的外墙需要在原墙体上开槽,地面部分可以选择原地面开槽,也可以在做完保温后在保温层上铺设,因为后期一般还需要铺设混凝土垫层。

新风和排风口一般在外墙开口,这个问题不大。但是如果不希望层高降低室内的风管,可能需要穿梁。这个需要提前考虑到哪些梁可以穿,能穿多大的孔,如何避开主筋涉及安全的问题都是大事。如果业主不能接受穿梁,那么新风管就必须走梁下,这种情况也会影响后期施工的吊顶和美观,需要提前规划好。

原有墙面上已经有腻子的话,要先铲除后才可以粘贴保温,否则粘不住。由于超低能耗建筑的窗户需要内挂或者内嵌外平安装,和原先的位置不同,同时还需要粘贴气密膜,这就要在安装完成之后抹灰,保护外立面的气密性胶带,之后还需要恢复成原来墙面的颜色。如果窗户比较大楼层又比较高,一般需要在玻璃安装之前完成,完成之后再装玻璃,这些步骤的交叉都需要规划好。

最后需要注意的是,因为超低能耗建筑断热桥的需要,部分内隔墙需要保温延伸,这会影响后面的室内装修效果,需要提前考虑。同时还要尽量避免在有保温的墙体打钉子穿透保温层。对于不是很重的材料,可以直接粘在墙上,而对于需要与墙体生根固定的物体,则需谨慎处理,非必要不穿透保温层。

四、经济性

早期在推广超低能耗建筑改造的时候,会进行经济性分析,计算出一个初期投资回收期,一般在 20~30 年,对应的增量成本大约为 1 500~2 500 元/m²,这个区间很大,原因就是个人业主改造项目的体量、窗墙比、个人品牌喜好以及难度不同。对于这个结果业主通常很难接受,觉得时间太长了,这种情况不利于超低能耗建筑的推广。

20~30 年回收并不是经济性不好的表现,只是因为我们习惯于接受 5~10 年回本这种投资的预期。如果仅从经济性角度来考虑超低能耗建筑是否值得做,实际上是不公平的。如买一个 100 寸的电视,我们不会去考虑什么回收期,我们买车的时候也不考虑回收期,装修的时候也不考虑回收期,这都是为了舒适,提高生活品质。为什么到了超低能耗建筑就需要考虑回收期呢?而一般情况我们在回收期计算的时候,是按照毛坯来计算,也就是所有超低能耗建筑的花费都算是增量成本,这个也不合理,因为即使不做超低能耗建筑,门窗也可能要换一下,新风空调也有可能要装。这是一个思维和认识层面的问题。

超低能耗建筑的改造不仅是为了舒适,还可以降低能耗。每项技术都有必要,并不存在说能不能只换门窗不做保温,或者只要新风其他都不要。如果只做某一种或者几种技术,这样的改造只能叫作节能改造,因为它达不到超低能耗建筑所要求的节能效果和舒适性。在预算有限的情况下,可以根据预算只改其中一项或者几项,等后续资金充裕了再逐步到位。既然要改造就按照高标准去做,不建议按照低标准去把所有的技术都做了,这样后期想优化就很困难,费钱且不环保。

五、运行维护

超低能耗建筑非常重视行为节能,需要考虑如何在装修中使用节能的灯具,如何去控制新风一体机或者新风空调的使用,过渡季节如何去运行,是否需要夜间通风,热水器如何使用,滤网如何更换,什么时候更换等等。其实很多超低能耗运行效果不好是因为使用不当,合适的运行维护有助于实现预期效果。

有些业主反映做了超低能耗建筑改造后,每个月还是需要很多电费。我们在了解之后发现,电费并不是主要用来支付供暖和制冷,而是用于常规电器使用。随着生活水平不断提高,电气化水平也不断提高,这些产品在使用时都会用到电,甚至类似烘干机的高耗电。这些电器节能潜力也很大,在购买的时候就考虑采用高效节能电器。

行为节能除了表现在电器购买上,还体现在设备的使用上。以新风空调的使用为例,在全年很长时间里,超低能耗建筑都可以不需要进行供暖和制冷,这个时间要比普通建筑长,所以要在不同的时间段采用不同的运行策略。备注的时间仅供参考,实际运行时根据实际天气情况自行控制即可。如果怕麻烦,可以直接设置自动运行,设备可以自行根据室内状况控制启停。

供暖期(12月至次年2月):门窗关闭,空调和新风都需要打开。

过渡期1(3月):门窗关闭,新风打开,但空调不开,靠太阳得热和室内热源可维持室内温度。

过渡期2(4月):室外温湿度舒适时,门窗打开,新风空调关闭,仅在室外空气质量差的时候开新风。

过渡期3(5月):空调不开,其中白天关闭窗户打开新风,放下遮阳,晚上打开窗户通风。

制冷期(6月至8月):门窗关闭,空调和新风都需要打开。

过渡期4(9月):空调不开,其中白天关闭窗户打开新风,关闭遮阳,晚上打开窗户夜间通风。

过渡期5(10月):门窗打开,新风空调关闭,仅在室外空气质量差的时候打开新风关闭门窗,此时室外温湿度舒适。

过渡期6(11月):门窗关闭,新风打开,但空调不开。靠太阳得热和室内热源可维持室内温度。

对于普通建筑来说,除了过渡期2和过渡期5室外温湿度比较舒适,其他时间要么冷要么热,都不舒适,如果希望舒适就需要开空调,而对于超低能耗建筑来说,所有的时间都在舒适区范围内,6个过渡期都可以不开空调,靠自然热源和冷源来平衡,这个前提就是建筑的节能性非常好,节能性越好这个过渡时间就越长。事实上,在都达到同样温、湿度的情况下,超低能耗建筑相比普通建筑,开空调的时间明显短很多。

六、展望

超低能耗建筑行业是一个正在蓬勃发展的朝阳行业,未来对人才有很大的需求。目前,无论是从设计、咨询、认证方面来看,还是施工、检测各个方面来看,都有很大的人才缺口,现阶段很多从业人员也是从其他行业转过来的。

从改造装修一体化这个方面来说,传统的装修项目经理有一部分可以转行为超低能耗建筑项目经理,他们相比专业的超低能耗建筑企业有天然优势去做好管理工作。一个优秀的项目经理,既可以做好管理,又可以负责技术和质量监督,这样管理成本也可以更低。传统的保温工人、门窗安装、新风安装师傅也可以从事这一行业,不过要经过专业培训掌握相关技能,转变施工理念。

超低能耗建筑行业的体量和潜力非常大,市场设计、咨询、质量管理、施工人员、检测人员都需要,做好了,无论是对解决就业,还是对推动行业健康发展,都非常有益。

第二篇

被动式技术

第四章 典型超低能耗建筑外墙保温与结构一体化体系

一、背景介绍

(一)发展现状

20世纪80年代,我国启动了建筑节能"三步走"步伐,开始了墙体保温技术的探索,外墙薄抹灰保温技术因其低成本、高效率而开始被广泛应用。但由于外墙保温25年的设计使用年限与建筑物至少50年的结构设计年限相差悬殊,保温材料质量、施工质量不过关等原因,外保温开裂脱落、着火等事件频有发生,给社会财产带来较大损失,人身安全也受到威胁,国家开始规范建筑保温的应用。

在此背景下,推广外墙保温一体化,即外墙保温与结构一体化体系成为解决此类问题的重要途径。外墙保温与结构一体化体系,因为具有保温与结构同寿命、能够避免外保温开裂脱落等优势,迅速在国内许多省市得到采纳和政策性推广。

目前,大部分地区对外墙保温一体化的态度是推荐使用、鼓励发展,也有多个地区开始限禁薄抹灰保温技术在新建、改建、扩建及建筑改造中的使用。不同地区对于薄抹灰保温技术的态度有所不同:有限制高层建筑使用的,比如烟台市;有限制保温材料类别的,比如新乡市、濮阳市;也有全面禁止薄抹灰保温技术的,比如重庆市、上海市、河北全省等。

图4-1和图4-2分别为超低能耗保温施工实景和传统节能保温施工实景。

图4-1 超低能耗保温施工实景
(图片来源:五方建科)

图4-2 传统节能保温施工实景
(图片来源:五方建科)

(二)外墙薄抹灰保温技术体系存在的问题

外墙薄抹灰保温技术体系是主材辅材、设计施工一系列环节的集成。基层墙体达到平整度要求,并能够承载钉入的锚栓;保温主材需要有足够的强度、易于粘接、控制吸水率等。众多的辅材也有详细的要求;粘接砂浆的质量、保温板粘接面积占比、锚栓的质量、钉入深度以及足够的个数,耐碱玻纤网格布的质量以及压入式的施工方式等。另外,窗口周边、女儿墙、穿墙洞口等位置的防水构造措施,也对外墙薄抹灰体系至关重要。体系最终的安全、耐久、稳定,离不开每个环节的精细化设计和施工。

薄抹灰外保温体系在欧洲已经使用了50多年,其外墙外保温基本的施工体系依然是以EPS/SEPS/岩棉薄抹灰外保温体系为基础。可见外墙薄抹灰体系本身是没有问题的。而在我国大范围使用仅20多年就频频出现问题,根本原因是整个建筑产业链各环节对外墙外保温系统的认知缺失。工程设计上往往首要考虑的是安全,如结构安全、防火安全,担心因此带来的执业责任,而对于好用和舒适的认知不到位,压力也不足,认为出不了大问题而往往不重视。比如对外墙保温,建设单位要求也不高,使用者对于节能的作用也不怎么关注,施工单位自然是能省则省,甚至是"表演式存在"。保温市场更是良莠不齐,以至于"劣币驱除良币"。

对于在使用过程中出现的问题,需从多方面下手切实解决,但是不能因噎废食。首先要推动行业自律,坚决杜绝偷工减料和粗制滥造;其次避免最低价中标,杜绝恶性竞争,引导建设单位追求合理价格,树立使用高品质材料和优质施工队伍的理念;再次要加大监管、惩治力度,引导职能部门的监管力度,加强建材制品和科学施工的监测机制,重视建材部品部件的质量;最后要完善技术措施,完善超低/近零能耗建筑建材制品及施工标准等。

目前有一些省市仍在使用外墙薄抹灰保温技术体系,超低能耗建筑外墙保温相对常规建筑更厚,开裂脱落的风险确实更大。应充分重视行业自律、合理竞争、精细化设计和施工等,保证工程质量,杜绝开裂脱落等工程事故。

(三)外墙保温与结构一体化体系的发展

目前,我国超低能耗外墙保温体系主要受到几个方面的影响:一是保温开裂脱落,带来了对现场粘锚体系的担忧,各地出台了禁用现场粘锚的外墙薄抹灰保温体系的政策;二是外墙保温与结构一体化体系,因为解决了保温与结构同寿命,保温脱落以及防火等问题,从而得到大力推广;三是因为产业工人缺失,以及建筑工业化的要求,装配式建筑得以全面发展。

外墙保温与结构一体化体系,即建筑的外围护功能与墙体的保温功能相互融合,实现同施工、同寿命,并且能够达到节能标准。一是建筑墙体的结构层、保温芯材与外侧足够厚度的保护层(自密实混凝土或者无机复合材料)同时施工;其次是施工完成后无须再另行设置保温层即可达到基本节能的标准要求,或达到超低能耗建筑的节能标准要求;最后是能够实现建筑保温与墙体同寿命的理想状态。满足以上条件才能基本实现外墙保温一体化的要求。

装配式建筑目前是我国建筑行业的核心发展方向,是建筑领域的发展热门,外墙也是装配式体系中的重要部分。随着用工监管体系的不断完善,生产方式的逐步改变,"农民工"将退出历史舞台,"装配式建筑产业工人"的头衔会被青年建筑工人所接受。未来建筑业的建造体系与产业,会进一步实现装配式、工业化,并逐步进入数字建造、智慧建造,实现建筑产业的整体技术迭代升级。

在超低能耗建筑中,外墙保温一体化技术和超低能耗技术相结合,形成了目前超低能耗建筑领域外墙保温的新发展方向。国内部分地区如河北省和上海市,在禁用现场粘锚的外墙外保温薄抹灰系统之后,通过颁布实施超低能耗建筑技术标准等形式,推荐、引导从而形成了各自相对完整的外墙保温技术体系。上海市还特别从装配式的角度对新建建筑提出了要求,形成了装配式+保温结构一体化+超低能耗建筑的综合形式。

(四)小结

对现有超低能耗建筑外墙保温体系进行初步分析,从生产形式来看,有现场浇筑的,也有装配式的;从保温形式来看,有外保温、夹心保温,也有内外保温结合的。这两个方面相互结合又形成许多分型。特别在河北省和上海市这两个地区形成了独具特色的超低能耗建筑保温与结构一体化的体系组合。在其他地区,超低能耗建筑领域也不断涌现出新的保温形式。下文主要对目前河北省和上海市主流的外墙保温与结构一体化进行总结梳理,并对其他地区的相关保温体系进行简要总结。

二、河北省外墙保温与结构一体化体系

(一)地方政策

河北省住房和城乡建设厅印发通知并发布《河北省民用建筑外墙外保温工程统一技术措施》,自 2021 年 7 月 1 日实施,其中包含以下主要内容:推广使用的外墙保温技术现浇混凝土内置保温体系、钢丝网架复合板喷涂砂浆外墙保温体系、大模内置现浇混凝土复合保温板体系、大模内置现浇混凝土保温板体系四项技术,并对其技术特点、措施、执行标准、适用范围和依据作出了明确的要求。

政策中提到了限制使用的外墙保温技术及产品,着重强调工程中在现场采用胶结剂或锚栓以及两种方式组合的薄抹灰外墙外保温技术体系,禁止在新建、改建、扩建的民用建筑工程外墙保温中作为主体保温系统设计并使用(砌体结构除外),可在新建、改建、扩建的民用建筑砌体结构工程和既有建筑、老旧小区改造工程中使用。

(二)目前河北省主要的外墙保温与结构一体化体系

目前河北省主要的外墙保温与结构一体化体系见表4-1。

表 4-1　河北省主要的外墙保温与结构一体化体系

序号	类别	保温体系图示	系统特点
1	现浇混凝土内置保温系统点连式	①钢筋混凝土；②保温板；③连接件；④限位固件；⑤自密实混凝土	(1)需要现场支模现浇，和剪力墙结构更易交接。 (2)内叶墙板可以为 100 mm 厚轻质混凝土，也可调整为 50 mm 厚自密实混凝土。 (3)桁架穿透保温，有点状热桥存在。 (4)每层间应设置混凝土挑板
2	现浇混凝土内置保温系统桁架	①钢筋混凝土；②保温板；③V形腹丝；④拉结筋；⑤自密实混凝土	(1)通过不锈钢腹丝焊接网架或金属连接件将现浇混凝土结构层和防护层可靠连接，中间设置保温层。 (2)应考虑温度变形、风压、重力荷载和地震等影响因素，每层间设置混凝土挑板。 (3)外墙保护层的厚度不小于 50 mm，其内铺设低碳镀锌钢丝网，钢丝的直径不小于 3 mm，网格尺寸不小于 50 mm×50 mm
3	钢丝网架复合板喷涂砂浆外墙保温系统填充墙	①保温芯材；②斜插腹丝+钢丝网；③连接件；④A 级防火板；⑤砂浆喷涂	(1)内外侧现场喷涂，需要找平。斜插筋不穿透保温，无点状热桥。 (2)不需支模浇筑成型，施工相对较快。 (3)隔层设置混凝土挑板，并用保温材料封堵，防止热桥产生

(三)现浇混凝土内置保温系统

1.适用范围

现浇混凝土内置保温系统适用于 8 度及 8 度以下抗震设防区、建筑高度不大于 100 m 的新建、扩建的民用建筑现浇混凝土剪力墙结构外墙外保温工程。可广泛运用于住宅、公共建筑中保温一体化项目,具体应用于框架-剪力墙结构、剪力墙结构和部分框支剪力墙结构建筑中的外墙、楼(电)梯间墙、分户墙。

2.技术特点

现浇混凝土内置保温系统通过不锈钢腹丝焊接网架或金属连接件将现浇混凝土结构层和防护层可靠连接,中间设置保温层,层间设置混凝土挑板,在保温层两侧结构层和防护层同时浇筑混凝土,形成保温与外墙结构一体的外墙保温系统。

3.体系主要分类

(1)现浇混凝土内置保温系统点连式

现浇混凝土内置保温系统点连式见表 4-2。

表 4-2 现浇混凝土内置保温系统点连式示意图

基层墙体	基层构造			构造示意图
	保温层	连接件	保护层 (≥50 mm)	
钢筋 混凝土①	保温层②	连接 件③	限位 固定件④	密实混凝土⑤
		或根据构造,由单项设计确定		

注:本表格出自《被动式超低能耗公共建筑节能设计标准》[DB13(J)/T 8360—2020,57 页]。

现浇混凝土内置保温系统点连式由现浇钢筋混凝土结构层、保温板、连接件+限位固定件和防护层组成,保温芯材由连接件和限位固定件或者其他构成可靠连接形式,且层间设置混凝土挑板,形成外墙保温一体化的外墙保温体系,适用于剪力墙结构、框剪结构形式。

基本做法:安装保温板→调校限位固定件→固定连接件、绑扎主体结构钢筋网→模板支护→浇筑结构层与防护层混凝土→外侧抹抗裂砂浆→施工饰面层。

目前现浇混凝土内置保温体系点连式常见的类型有:点连式限位钢丝网片内置保温构造;现浇混凝土外墙卡扣连接钢丝网内置保温体系;抗剪锚固钢片点连式现浇混凝土内置保温构造;现浇混凝土点连式双挂网内置保温等。不同形式的区别在于基本构造中连接件和固定钢丝网片的构件形式不同,造成了点连式的现浇混凝土内置保温体系的多样化。

(2)现浇混凝土内置保温系统桁架

现浇混凝土内置保温系统桁架见表 4-3。

表4-3　现浇混凝土内置保温系统桁架构造做法

基层墙体	基层构造			构造示意图
	保温层	连接件	保护层 （≥50 mm）	
钢筋 混凝土①	保温层②	V形 腹丝③	拉结 筋④	密实混凝土⑤	
		或根据构造，由单 项设计确定		

注：本表格出自《被动式超低能耗公共建筑节能设计标准》[DB13(J)/T 8360—2020,58 页]。

现浇混凝土内置保温体系桁架由现浇钢筋混凝土结构层、保温板、V形腹丝+拉结筋和防护层组成，保温芯材由V形腹丝和拉结筋或者其他连接件构成可靠连接形式，且层间设置混凝土挑板，形成外墙保温一体化的外墙保温体系，适用于剪力墙结构、框剪结构形式。

4.优点

(1)解决了传统墙体外保温材料易燃的问题

与传统外墙保温薄抹灰体系相比，现浇混凝土内置保温体系将保温构造创新，两侧均为无机材料保护，保温材料置于其中，则可有效防止保温材料达到燃点或做到不燃，其防火性能也可达到《建筑设计防火要求规范（2018 年版）》（GB 50016—2014）的防火要求，而且不需要再设置防火隔离带，减少了保温材料种类及施工工序。

(2)解决了墙体外保温材料脱落的问题

传统粘锚体系下的外墙保温材料受室外环境变化(如风荷载、重力、雨水冲刷等外力或内力)的影响脱落，进而产生了很多质量安全问题。而现浇混凝土内置保温体系则将螺纹钢筋作为锚固件，主体结构和保温层、防护层形成刚性连接，进而形成受力均匀、外力影响极小的稳定体系，从根本上解决了保温材料脱落的问题。

(3)提高了墙面的平整度,使得外墙装饰面层多样化

保温系统防护层采用普通细石混凝土浇筑即可,通过振动棒振捣让混凝土更均匀、密实。随着施工工艺的不断成熟,拆模后的墙面更加平整且较少出现空鼓、麻面现象,同时也增加了立面的强度,为装饰层的施工提供了有利条件。

(4)综合成本低,易实现建筑保温与主体结构同寿命

常规模板的施工避免了因外墙保温体系的不同产生额外的经济支出,工艺的简洁减少了施工工序,较易实现建筑保温与主体结构的使用同寿命。

(5)最大程度上阻断冷热桥,防止室内外热传导

断热桥锚钉的使用使得锚固件的尾部有卡片扣紧保温板,一是防止保温板位移的产生,二是起到断热桥和防止渗水产生锈点的作用。

(6)安装方便快捷,节省工期

保温系统采用工厂定制化生产,不需要现场进行裁切,安装时只需按照排板编号放至相应位置,绑扎固定拉结筋与主体结构钢筋网、支护模板后浇筑混凝土,混凝土厚度和强度均应达到国家相应的标准,其施工质量更加安全可靠且可缩短工期,也可达到被动式建筑的设计与施工要求。

5.施工难点

(1)自密实混凝土不均匀且容易缺失,最外侧还需抹灰找平,避免钢丝网片或拉结件从外侧露出。

(2)外墙挑板部位存在严重热桥,应注意用保温材料封堵。

(3)注意端头处保温封堵,内置保温难以做到六面包裹,端头处保温封堵增加了施工复杂性,如图4-3所示。

(a)示例一　　　　　　　　　　　　(b)示例二

图4-3　施工现场

(图片来源:五方建科)

(4)外遮阳、窗洞口周边施工难度大,应避免因施工不到位产生气密性问题、热桥等。

(5)注意干缩裂缝,由于材料的不同结合,在干燥后易影响外观质量和强度,需要合理养护。

(6)提高工业化程度,虽然技术成熟,但施工工序较多且复杂,钢筋绑扎难度大,多为手工操作,用机械化施工可大大减小施工的难度。

(7)提高精细化程度,对与之匹配的较多种类辅材质量要求严格,稍有品控不严易造成质量问题。

(8)应保证施工环境,如室外温度、风力、雨雪天气等因素,易影响工程质量,可导致外墙的平均传热系数增加,从而引起外围护结构的保温隔热性能略微降低。所以要先从设计上尽量避免热桥的产生,其一,可用高性能保温材料优化挑板处的节点,其端头部位用保温封堵;其二,就是用断热桥专用的连接件来阻断点状的热桥产生。

另外,施工时注意保温板的连续性,阴阳角采用专用的转角板,上下左右相邻保温板通过企口进行连接,拼缝应严整密实,防止热桥的产生,提升施工的精细化程度。

(四)钢丝网架复合板喷涂砂浆外墙保温系统

钢丝网架复合板喷涂砂浆外墙保温系统由内斜插金属腹丝与复合保温板外单侧或双侧钢丝网片焊接形成钢丝网架复合保温板,通过金属连接件将钢丝网架(片)复合保温板与现浇混凝土结构层或者将钢丝网架(片)复合保温板与钢结构、框架结构主体可靠连接,构成钢丝网架(片)复合保温板体系。外侧钢丝网喷涂砂浆作为防护层,内侧结构层浇筑混凝土形成保温与外墙结构一体。

1.适用范围

钢丝网架复合板喷涂砂浆外墙保温系统适用于各类工业建筑、民用建筑及保温大棚、冷库、保鲜库工程,是混凝土剪力墙结构、框架结构以及钢结构实现墙体保温一体化的合理解决方案,也是目前钢结构装配式超低能耗建筑推荐适用的外墙体系。

2.技术特点

(1)连接件应为直径8 mm螺纹钢筋或其他型材,不应少于每平方米8个,穿过保温板部位的钢筋或者钢材应采用工程塑料热熔包覆。

(2)穿透保温芯材的斜插腹丝,应采用不锈钢丝。

(3)防护层采用等级不应低于M20级的砂浆喷涂,且总厚度不应低于30 mm。

(4)应隔层设置混凝土挑板,与钢丝网架(片)复合保温板和结构层形成可靠连接,且在端部设置隔热措施。

(5)保温芯材应六面包覆且喷涂水泥基聚合物砂浆。

3.体系分类

钢丝网架复合板喷涂砂浆外墙保温系统细分为两种形式,分别是钢丝网架复合板喷涂砂浆外墙——填充墙和钢丝网架复合板喷涂砂浆外墙——剪力墙,两种构造形式既可单独使用,也可相辅相成共同作为外围护结构来保证建筑的热工性能,其构造如表4-4、表4-5所示。

表4-4　钢丝网架复合板喷涂砂浆外墙——填充墙

基本构造						构造示意图
防护层 (≥50 mm)	保温层	连接件		防护层 (≥50 mm)		
		斜插腹丝 +钢丝网②	连接件③	A级材料防火板④	砂浆喷涂⑤	
砂浆喷涂⑤	A级材料防火板④	保温芯材①	或根据构造,或单项设计确定			

注:《被动式超低能耗公共建筑节能设计标准》[DB13(J)/T 8360—2020,60页]。

表 4-5　钢丝网架复合板喷涂砂浆外墙——剪力墙

基层墙体	基层构造					构造示意图
	保温层	连接件		保护层 (≥50 mm)		
钢筋混凝土①	保温芯材②	斜插腹丝+钢丝网③	连接件④	A级材料防火板⑤	砂浆喷涂⑥	
		或根据构造,或单项设计确定				

注:出自《被动式超低能耗公共建筑节能设计标准》[DB13(J)/T 8360—2020,59 页]。

4.优点

(1)保温效果好,可减少外墙热桥的产生

随着建筑功能的多样化发展,立面也多种多样,如非透光性幕墙(铝板幕墙、石材幕墙等)的应用,给传统外墙增加了数以万计的热桥点。在基本实现幕墙造型效果的同等条件下,钢丝网架复合板喷涂砂浆外墙保温系统已经将外墙装饰用的造型线条、线脚等定制化生产,减少了外墙系统热桥的产生,且保温层处于紧密的围护中,可维持建筑保温材料的稳定性。

(2)外墙外保温系统与结构同使用寿命

从传统外墙体系上看,因施工工艺和室外环境因素造成的外墙保温裂缝、脱落、空鼓等质量安全问题屡见不鲜,而钢丝网架复合板喷涂砂浆外墙保温系统通过部品的严选、精细化施工的严控、验收的高标准要求等措施减少了外墙开裂、空鼓、脱落的风险,可保持与结构同寿命,作为维护结构来共同保证建筑的良好运行。

(3)工业化生产,施工简便,工期可控

首先,施工工艺简便。保温芯材及其两侧的复合板均为工业化生产,施工时可按板材编号放置于相应位置后绑扎钢丝网、安装固定件,之后喷涂砂浆保护层即可完成施工。其次,外墙板无须裁切,运输方便,可减少大型吊装设备的使用,可取消构造柱、过梁、拉结筋等加强构造措施。最后,可干法施工,装配式安装,受季节影响较小。

(4)防火性能好,对保温材料性能要求降低

钢丝网架复合板喷涂砂浆外墙保温技术系统符合《建筑设计防火规范(2018 年版)》(GB 50016—2014)中无空腔复合保温结构体的定义和要求,保温材料置于墙体内部,两侧保护层均为不燃材料,可有效避免传统外墙保温引发的火灾。另外墙体在 1 000 ℃的实验条件下耐火极限不低于 3 h,且没有有毒气体的散发,也可达到国家标准的防火要求。

(5)可增大使用空间的面积

若不计保温,抹灰完成后钢丝网架夹芯板的总厚度只有约 110 mm,加上保温内芯后

可达到 180~200 mm 总墙厚,而传统外墙薄抹灰系统 200 mm 厚砌块墙体加上保温(岩棉/XPS)后可达 260~300 mm 总墙厚。同比墙体厚度小的室内使用空间较大。

5.施工难点

(1)注意裂缝的产生

钢丝网架复合板喷涂砂浆外墙保温系统的刚性防护层的构造为复合板,以 25 mm 厚珍珠岩板和 30 mm 厚抗裂砂浆(均内置镀锌钢丝网片)为例,每层构造材料不同、厚度较薄、膨胀系数不同造成结构变形应力不同,使得墙体产生裂缝。而通常产生裂缝的位置为结构出挑位置,如雨篷、设备平台、建筑造型等构件复杂、拼缝集中的位置。

(2)喷涂墙面的找平

首先,保温两侧的保护层即砂浆保护层为现场喷涂,因工人施工操作的不熟练或砂浆配比不合理,可能会导致墙面在施工完成后整体的平整度不达标;其次,应加强质量把控的力度,对一体板的原始平整度应严格控制其标准,杜绝不合格品进入施工现场。

(3)局部防水的施工精细化

保温一体板为工厂化定制,与现场建筑结构交接处易产生防水疏漏点,拼缝处、出挑处、造型处等易产生疏漏点的位置应设计防水构造节点。

综上所述,首先,在设计过程中对上述易出现裂缝的位置进行优化设计,减少结构拼缝的数量;其次,对于图纸,各单位(设计、咨询、施工)应认真核查、校对,避免出现过多裂缝的位置;最后,在施工过程中对非标准板材的人工斜插腹丝和人工焊接钢丝网的施工质量应严格把关,确保达到标准要求。

6.项目案例

信阳市上天梯管理区市民活动中心项目(图4-4)为多层公共建筑,结构形式为钢结构装配式,被动式建筑面积 3 291.6 m²,且已通过德国被动式房屋研究所(passive house institute,PHI)和国内设计标识,2021 年已竣工投入使用。

图4-4 项目效果图
(图片来源:五方建科)

内墙、外墙、屋顶采用钢丝网架复合珍珠岩保温板。保温厚度达 260 mm 厚,两侧 25 mm厚的珍珠岩板斜插腹丝,且腹丝斜插珍珠岩板不穿透保温板,并与珍珠岩板外侧的镀锌钢丝网片焊接成三维钢丝网架。为固定两侧板材设置了非金属连接件将两侧的钢丝网片进行拉结固定,如图 4-5 所示。

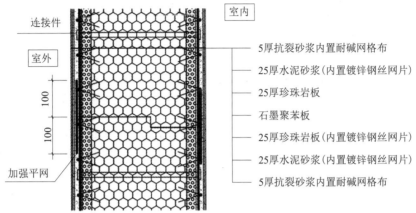

图 4-5 外墙构造做法
(图片来源:五方建科)

另外,本项目围护结构的建筑不再设置防火隔离带,就可以满足防火的要求。

钢丝网架珍珠岩复合保温外墙板广泛适用于多层、高层、混凝土剪力墙结构和混凝土框架、框剪结构及钢结构等各类建筑,其改变了传统建筑保温的工艺,很好地解决了传统建筑外墙外保温防火等方面存在的不足,实现了建筑保温与结构一体化。该体系特别在不同气候区各类超低能耗建筑上有着广泛的应用空间,市场反馈普遍良好。

三、上海市外墙保温与结构一体化体系

(一)地方政策

上海市 2020 年 12 月发布的《关于推进本市超低能耗建筑发展的实施意见》提出,为了推动外墙保温一体化的发展,规定享受超低能耗建筑的容积率奖励的同时,增加了应用外墙保温一体化的要求。

2020 年 10 月 13 日,上海市住建委员会公布了《上海市禁止或者限制生产和使用的用于建设工程的材料目录(第五批)》,关于保温装饰复合板外墙外保温系统设计使用规定如表 4-6 所示。

表 4-6　上海市禁限材料目录(第五批)

序号	类别	材料名称	禁止或限制的范围和内容
1	外墙保温系统	施工现场采用胶结剂或锚栓以及两种方式组合的施工工艺外墙外保温系统(保温装饰复合板除外)	禁止在新建、改建、扩建的建筑工程外墙外侧作为主体保温系统设计使用
2		岩棉保温装饰复合板外墙外保温系统	禁止在新建、改建、扩建的建筑工程外墙外侧作为主体保温系统设计使用
3		保温板燃烧性能为 B1 级的保温装饰复合板外墙外保温系统	禁止在新建、改建、扩建的 27 m 以上住宅以及 24 m 以上公共建筑工程的外墙外侧作为主体保温系统设计使用,且保温装饰复合板单块面积应不超过 1 m^2,单位面积质量应不大于 20 kg/m^2
4		保温板燃烧性能为 A 级的保温装饰复合板外墙外保温系统	禁止在新建、改建、扩建的 80 m 以上的建筑工程外墙外侧作为主体保温系统设计使用,且保温装饰复合板单块面积应不超过 1 m^2,单位面积质量应不大于 20 kg/m^2

上海的"禁限令"在新建建筑中几乎淘汰了外墙外保温技术,不论是世界范围内应用最广的聚苯板薄抹灰体系、燃烧性能为 A 级的岩棉板体系,还是整个保温装饰板类型都在禁止或限制范围。

2021 年 2 月发布的《外墙保温系统及材料应用统一技术规定(暂行)》明确了外墙保温一体化的形式和技术要求。目前,上海市超低能耗建筑基本形成三种主流外墙保温一体化体系,分别为预制混凝土夹心保温外墙板系统、预制混凝土反打保温外墙板系统和现浇混凝土复合保温模板外墙保温系统。除此之外,还有板(块)外墙自保温体系及内保温体系、装饰板外保温体系等,但相对应用较少。

(二) 目前上海主要的外墙保温与结构一体化体系

目前上海主要的外墙保温与结构一体化体系见表 4-7。

表 4-7　上海主要的外墙保温与结构一体化体系

序号	体系	体系图示	系统特点
1	预制混凝土夹心保温外墙板系统	①内叶板;②保温材料;③外叶板;④连接件;⑤饰面层预制混凝土夹心保温外墙板系统构造	(1)预制外叶混凝土(60 mm)+XPS(90 mm)+预制钢筋混凝土(200 mm),预制墙体达到350 mm厚可满足墙体平均传热系数0.15的要求,相比其他一体化外墙技术对得房率影响更大。 (2)预制混凝土夹心保温外墙技术生产工艺技术成熟,保温连接件安全度高、装配式外围护集成度较高。 (3)工厂流水线加工,质量控制较好,整体性好,防水性能优,现场模板数量少。 (4)竖向钢筋套筒连接施工控制要求较高
2	预制混凝土反打保温外墙板系统	①混凝土墙体;②保温材料;③双层钢丝网;④连接件;⑤防护层;⑥钢丝网;⑦饰面层	(1)硅墨烯保温免拆模(90 mm)+预制钢筋混凝土(20 mm)可满足墙体保温系数0.15的要求。 (2)生产工艺技术成熟,装配式外围护集成度较高。 (3)竖向钢筋套筒灌浆施工控制要求高,外保温连接件安全度要求高。 (4)不需支模浇筑成型,施工相对较快
3	现浇混凝土复合保温模板外墙保温系统	①混凝土墙体;②保温模板复合双层钢丝网;③连接件;④抗裂砂浆复合耐碱玻纤网;⑤饰面层	(1)硅墨烯保温免拆模(90 mm)+预制钢筋混凝土(20 mm)可满足墙体保温系数0.15的要求。 (2)一般作为装配式预制构件连接现浇位置的有效补充,确保超低能耗建筑的保温连续性。 (3)现场现浇施工较多,硅墨烯保温板外表面平整度较难控制。 (4)连接件锚固深度直接关系到高层住宅保温一体化外墙安全性

注:内容参考《外墙保温系统及材料应用统一技术规定(暂行)》(沪建建材〔2021〕113号)。

(三)预制混凝土夹心保温外墙板系统

预制混凝土夹心保温外墙板系统是夹心保温材料通过连接件置于预制混凝土墙体中,使保温材料和混凝土主墙结合成为有机整体,进而实现预制混凝土墙体和夹心保温同步施工的墙体系统。主要适用于各类新建装配式居住和公共建筑。

1.主要技术特点

(1)预制夹心外墙板的夹心保温材料可以为有机类保温板和无机类保温板,有机类保温板的燃烧性能应不低于 B1 级防火等级要求。

(2)预制夹心外墙板的夹心保温材料若采用 B1 级防火等级保温材料,边缘处需用 A 级保温材料进行封边。

(3)EPS 模塑聚苯乙烯板应符合《模塑聚苯板薄抹灰外墙外保温系统材料》(GB/T 29906—2013)要求。XPS 挤塑聚苯乙烯板应符合《绝热用挤塑聚苯乙烯泡沫塑料(XPS)》(GB/T 10801.2—2018)中带表皮板的要求。

(4)防水要求。预制夹心外墙板接缝用密封胶应采用耐候密封胶,要求其具有低污染性、防霉及耐水等性能。接缝胶用的背衬材料宜选用聚乙烯泡沫棒,其直径不小于 1.5 mm 缝宽。常用防水部件见图 4-6。

(a)耐候密封胶　　　　　　　(b)背衬材料泡沫

图 4-6　防水部件

(图片来源:五方建科)

(5)一般是由内墙承受所有的荷载作用,外叶墙起到对保温材料的保护作用。外叶墙直接接触空气,易受环境因素影响造成热胀冷缩及滑移,导致外叶墙开裂或脱落。因此要保证连接件具备足够的承载力和变形能力,可以释放外叶墙在环境作用下产生的各种应力。

2.优缺点

预制混凝土夹心保温外墙技术生产工艺技术成熟,保温连接件安全度高、装配式外围护集成度较高,在"十三五"阶段上海地区应用超过 1 500 万平方米。与传统保温形式相比,预制混凝土夹心保温具有热桥少、安全性高等优点,但竖向钢筋套筒连接施工控制要求高,考虑超低能耗要求,预制墙体厚度达到 350 mm,对容积率影响较大。预制混凝土夹心保温构造见图 4-7。

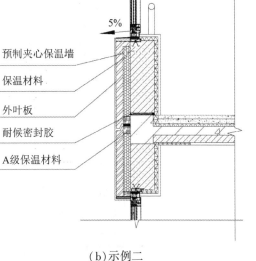

60	70	200
≥30	≥30	≥55

5%

预制夹心保温墙

保温材料

外叶板

耐候密封胶

A级保温材料

（a）示例一　　　　　　　　（b）示例二

图 4-7　预制混凝土夹心保温构造示例

（图片来源：五方建科）

（四）预制混凝土反打保温外墙板系统

预制混凝土反打保温外墙板系统是通过工厂化的保温板反打一体化预制混凝土墙体技术，使保温材料和预制混凝土主墙体结合成有机整体，进而实现墙体和保温同步施工一体化的预制墙体系统。主要适用于各类新建装配式居住和公共建筑。

1.主要技术特点

该保温系统主要分为两种，即预制混凝土厚层反打保温外墙板系统和预制混凝土反打保温外墙板薄抹灰系统。

"反打"是一种逆向思维的预制建筑施工工艺，简单说，就是将建筑的外饰面连同保温层在预制构件工厂事先打到混凝土里，形成一体的建筑预制构件（墙、板、柱、梁等）。这种工艺的优点是表面规整，工厂成形，附着牢固，施工效率高。

该保温系统的保温层没有被两个"墙"（如三明治的外叶墙和内叶墙）包裹起来，对保温材料的燃烧性能等级要求为 A 级。

保温材料应内置双层镀锌钢丝网，保温材料表面在现场应做抗裂砂浆复合耐碱玻纤网抹面层，其施工应符合现行标准《外墙外保温工程技术标准》（JGJ 144—2019）的有关规定。保温层和主墙体之间应有锚固件等可靠连接措施，每平方米墙面上连接件的布置数量不应少于 4个，连接件在主墙体中的锚固深度不应小于 30 mm。防护层厚度应控制在 15~20 mm。接缝（包括墙板之间、女儿墙、阳台以及其他连接部位）和门窗接缝应做防排水处理。

2.优缺点

反打保温预制混凝土一体化墙体技术（图 4-8）生产工艺技术成熟，装配式外围护集成度较高，在2021年上海地区应用案例接近300万平方米。竖向钢筋套筒连接施工控制要求高，外保温连接件安全度要求高。

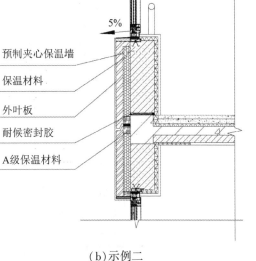

第二篇

被动式技术

53

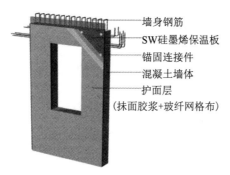

（a）示例一

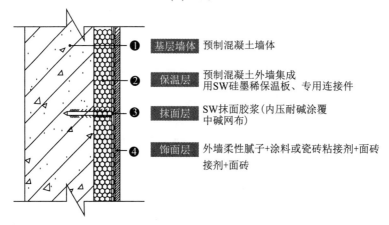

❶ **基层墙体** 预制混凝土墙体

❷ **保温层** 预制混凝土外墙集成用SW硅墨稀保温板、专用连接件

❸ **抹面层** SW抹面胶浆（内压耐碱涂覆中碱网布）

❹ **饰面层** 外墙柔性腻子+涂料或瓷砖粘接剂+面砖接剂+面砖

（b）示例二

图4-8 反打保温预制混凝土一体化墙体技术

（图片来源：http://www.shengkui.net/）

（五）现浇混凝土复合保温模板外墙保温系统

现浇混凝土免拆模板外墙保温系统（图4-9）是指以免拆保温模板作为混凝土外墙结构的永久性模板，施工时通过连接件将免拆模板与现浇混凝土牢固浇筑在一起形成的无空腔外墙保温与结构一体化构造。主要适用于预制构件连接处及超低能耗建筑底部，使结构与保温一体化。

1.主要技术特点

作为免拆模板的硅墨烯保温板主要由石墨质聚苯乙烯颗粒与无机胶凝材料复配后热压铸成型，其中石墨质聚苯乙烯颗粒在热压条件下二次发泡交联，与无机材质胶结更为密实，完美平衡强度与导热系数、吸水率等性能，实现高强、轻质、大尺寸等满足建筑模板裁切、安装、使用的要求，并与混凝土粘接牢固，粘接强度高。配套使用的实心锚栓在混凝土浇筑前安装，尾端带倒刺构造与混凝土浇筑后，极大增强保温板材的联结可靠性能。单一匀质材料构造及内嵌双层钢丝网的设计，使其安全性、可操作性及经济合理性更佳。保温模板上外侧防护层同样也可采用薄层抹灰加耐碱玻纤网的结构。

2.优缺点

作为装配式预制构件连接现浇位置的有效补充，可以确保超低能耗建筑的保温连续性。现场现浇施工较多，硅墨烯保温板外表面平整度较难控制，且连接件锚固深度直接关系到高层住宅保温一体化外墙安全性。

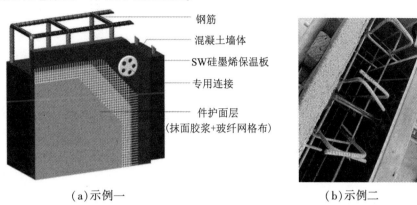

　　　　　　（a）示例一　　　　　　　　　　　　（b）示例二
图4-9　现浇混凝土复合保温模板外墙保温系统
［图片来源：（a）http://www.shengkui.net/；（b）五方建科］

（六）分析

1.应用情况分析

上海本地基本上是以现浇混凝土免拆模与预制混凝土外墙保温反打及预制混凝土夹心保温相结合使用，一般项目中1~2F采用现浇混凝土免拆模板保温结构一体化，3F以上采用预制混凝土夹心保温外墙板系统或者预制混凝土外墙保温反打系统。就目前形势来看，上海体系中单独夹心保温或者反打不易直接达到超低能耗要求，一般情况下是结合XPS内保温使用。

目前市场上预制混凝土外墙保温反打体系与夹心保温体系各占50%左右。

2.增量成本分析

上海地区超低能耗建筑增量成本经过测算，在绿色建筑一星级基础上，需要再增加800~1 500元/m²，其中占比最高的是外窗，大约占比50%。按3%容积率增加测算，售价在45 000~50 000元基本可覆盖超低能耗增量成本。其中增量成本中一体化保温体系所占比例约为5%。

3.展望

目前，上海地区一体化保温体系应用也存在一定问题，如预制混凝土夹心保温外墙板系统由于内墙和外墙之间需要有连接件，冷热桥现象相对严重，且抗震性差，保温材料的性能无法发挥，而且夹心保温相对普通墙体会导致墙体厚度更厚，对容积率影响更大。近期监督机构反映，发现现场已施工的硅墨烯免拆模外墙保温系统存在抹灰层与保温层拉结强度过低、质量管控标准不足的问题。

上海一体化保温体系要满足高性能、防火、同寿命、不裂不落及高效集成等功能，需保温反打、免拆模及不锈钢连接件、装配专用配件等进行系统性配合应用。此外，自动化、智能化全程工具是提高品质及整体建造效率的必然趋势，可持续提升精度、效率、减少浪费和二次工序。

上海一体化集成外墙保温体系目前规模化效应还未充分体现，综合成本相对薄抹灰体系及内保温成本相对来说还是较高，但在各种集成保温体系中有一定的优势。随着应用范围和生产施工效率提升,相信未来会产生较大成本优势。

四、其他典型外墙保温与结构一体化体系

(一)装配式预制STP墙板

装配式预制STP墙板是一种新型的外墙保温与结构一体化装配式墙板,其优良的隔热、防火、轻薄的性能优势为被动式建筑的发展提供了有利条件,不仅减少了外围护的面积还提高了建筑的装配率。尤其在北京、上海、广州、深圳等一线城市中应用,可减少外墙面积,增加建筑室内的净使用面积,经济效益突出;同时装配式STP墙板可在工厂进行预制,能保证外墙保温的完整性,以及立面的平整度,提升了建筑外立面的品质效果。装配式预制STP墙板构造与特点见表4-8。

装配式预制STP墙板就是在预制工厂加工完成的混凝土构件,由外保护层、STP真空保温板、混凝土墙体通过粘锚结合方式组合形成的具有建筑外围护墙功能且能满足保温性能要求的墙板;充分利用STP板保温效果好、防火不燃的特性,针对预制夹心复合墙板存在的缺陷,用STP板取代XPS板,突破性的取消外叶墙和连接件,使墙体厚度减薄,提高了安全性,节约了成本。

表4-8 装配式预制STP墙板构造与特点

类别	图示	系统特点
装配式预制STP墙板	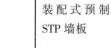 钢筋网片 混凝土墙体 STP板 耐碱玻纤网 保护砂浆 ▲装配式预制STP外墙示意图 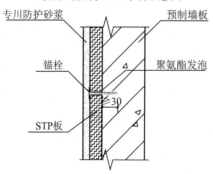专川防护砂浆　预制墙板 锚栓　聚氨酯发泡 30 STP板 ▲装配式预制STP外墙构造做法	(1)可取消外叶墙体及连接件,节省人工、材料成本。 (2)STP真空绝热板属于A级保温材料,外墙无火灾隐患。 (3)STP板在寒冷地区满足75%节能率要求做到20~25 mm即可,较传统保温材料在厚度上有很大优势。 (4)可覆盖所有的外墙面,构造简洁、安装方便,尤其在门窗洞口、设备挑板、复杂造型拼接处等,减少了热桥产生

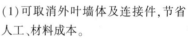

(二)自保温加气块

自保温加气块是具有保温隔热性能的砌块,有优良的防火性能,良好的耐冻融性能,吸水率小,收缩率低,施工工艺简单而易于推广应用。一般来说有两种形式:一种为在砌块内外层间或孔洞中填插保温材料制成的复合保温砌块;另一种为在骨料中复合轻质骨料制成的均相自保温砌块。表4-9为复合发泡保温砌块构造与特点。

目前因气候分区不同,各地对自保温加气块应用为外墙主要保温体系的使用政策不一。超低能耗建筑对围护结构的热工性能要求较严格,在适合的气候分区,应用自保温加气块需要达到外墙平均传热系数的限值要求,还要考虑具体节点的断热桥处理,进而达到超低能耗建筑的节能效果。

表4-9 复合发泡保温砌块构造与特点

类别	图示	系统特点
复合发泡保温砌块	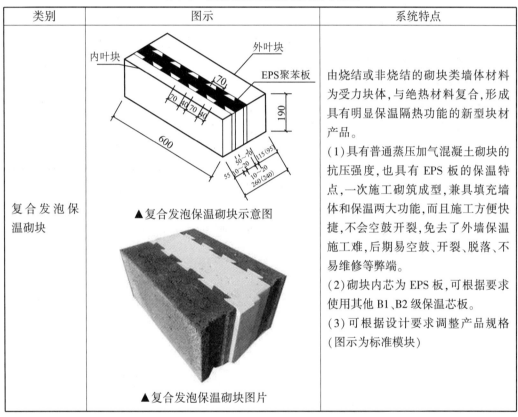 ▲复合发泡保温砌块示意图 ▲复合发泡保温砌块图片	由烧结或非烧结的砌块类墙体材料为受力块体,与绝热材料复合,形成具有明显保温隔热功能的新型块材产品。 (1)具有普通蒸压加气混凝土砌块的抗压强度,也具有EPS板的保温特点,一次施工砌筑成型,兼具填充墙体和保温两大功能,而且施工方便快捷,不会空鼓开裂,免去了外墙保温施工难,后期易空鼓、开裂、脱落、不易维修等弊端。 (2)砌块内芯为EPS板,可根据要求使用其他B1、B2级保温芯板。 (3)可根据设计要求调整产品规格(图示为标准模块)

五、总结

(一)典型超低能耗建筑外墙保温与结构一体化体系的特点分析

1.超低能耗建筑外墙保温体系的发展趋向

(1)从现场粘锚的外墙外保温薄抹灰体系,向有更高集成度的保温与结构一体化体系发展。

(2)由材料防火向构造防火、结构防火的方向发展,材料、构造的复合程度提高,综合性能更优。

（3）由砌块墙体、条状预制墙板向单元式保温与结构一体化墙板发展,装配率不断提高。

2.外墙保温与结构一体化体系

从生产形式来看,有现场浇筑的,也有装配式的;从保温形式来看,有外保温、夹心保温,也有内外保温结合的。

3.河北体系特点

（1）公共建筑多采用预制钢丝网架复合板喷涂砂浆外墙保温系统。

（2）住宅建筑多采用现浇免拆模夹心保温墙板。

（3）河北相对上海地区,对装配率没有特殊要求,重在应用保温结构一体化解决现场粘锚体系带来的保温脱落、防火安全等问题。

4.上海体系特点

对于上海体系,目前多为住宅方面的应用,大致有几个方面的选择:

（1）底部1~2层及高层核心筒区域,多采用现浇免拆模硅墨烯反打保温系统。

（2）其他部分多采用预制夹心保温或预制反打保温装配式墙板。

（3）上海对装配率有较高的要求,在近几年大量的超低能耗住宅工程实践中,保证外墙关键部位采用现浇实现结构整体性,其他外墙部位使用预制的装配式墙板提高装配率。

5.装配式外墙保温与结构一体化墙板的建筑构造特点

如图4-10所示,装配式外墙保温与结构一体化墙板的建筑构造特点如下:

（1）预制夹心保温墙板部分,B1级保温材料外侧采用外叶板作为防火保护层,在保温层端头采用A级保温材料封边。现浇墙板部分直接采用A级保温材料作为免拆模板。

（2）装配式墙板在连接位置,注重防水处理,开口向外向下,避免雨水返流。

（3）装配式墙板在拼缝位置,类似幕墙分缝处理,泡沫棒+密封胶处理。

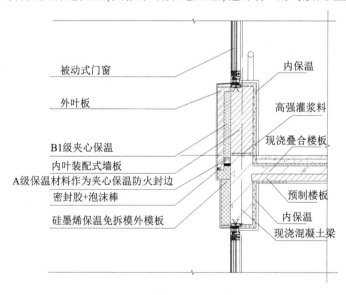

图4-10 装配式构造示意图

（图片来源:五方建科）

(二)外墙保温与结构—体化体系的优点对比

前文已经说明,外墙外保温薄抹灰体系在技术体系上并没有根本问题,通过设计、采购、施工、监管等各个环节的良好配合,也能达到较高的质量标准,实现与结构同寿命。然而,为了解决各个方面的实际问题,整体建筑行业,包括超低能耗建筑领域,已经越来越多地应用保温与结构一体化体系。

当然,保温与结构一体化也不是完美的体系,需要改进的方面也会随着时间更多的反映出来。免拆模保温外模板施工过程中板间错位及胀模、外墙成型后的墙面开裂、平整度较差等问题,夹心墙体外叶墙的合理受力、温度应力、冻融变形等问题,仍需特别注意解决。保温与结构一体化体系的优点对比如表4-10所示。

表4-10 保温与结构一体化体系的优点对比

对比	传统外墙薄抹灰体系出现的问题	保温结构一体化的优点
材料性能	保温材料吸水率高,外墙因为防火性能要求,采用A级保温材料,如岩棉等,憎水率不过关时,易导致黏结砂浆和饰面层开裂,保温和基层之间进水,冻融循环之后,开裂加大,在风荷载作用下导致脱落	保温材料吸水率低。夹心保温采用的挤塑聚苯板、石墨聚苯板,免拆外模板采用的硅墨烯等保温板材料,吸水率低,增强了保温系统的耐久性
施工工艺	建筑保温连接工艺存在安全隐患,基层墙体表面平整度严重超标,粘接砂浆质量,粘接面积,锚固深度不够,锚固钉质量,玻纤网格布质量,玻纤网格布施工工艺,防渗水构造细节等。现场施工工序多,施工速度慢	工艺相对更加安全可靠。工厂生产,保证质量。保温与结构同步施工,现场施工工序少,施工速度快
保温寿命	建筑保温寿命短,不能满足使用要求。利用维修基金无法达到更换保温的作用,建筑使用受到保温寿命的较大影响	要求结构、构造对保温层保护,实现保温系统与结构同寿命
构造优化	模板脱模剂降低了胶黏剂与基层墙体的粘贴强度	构造经过优化,省去了脱模剂、基层找平、界面剂等
防火构造	当采用B1级保温材料时,需要设置防火隔离带和耐火门窗	均达到A级,不需设置防火隔离带和耐火门窗

(三)外墙保温与结构—体化体系的类型总结

外墙保温与结构一体化体系的类型总结见表4-11。

表 4-11　外墙保温与结构一体化体系的类型总结

主要类型	主要构造特点	应用特点	注意事项
现浇免拆模外保温墙板	(1)采用表观密度大,抗压强度高的保温材料作为免拆模保温模板,现场浇筑钢筋混凝土剪力墙、填充墙或框架梁柱。 (2)保温材料本身为 A 级或外侧组合 50 mm 厚不燃材料作为保护层	(1)一般作为装配式预制构件连接现浇位置的有效补充,确保超低能耗建筑的保温连续性。 (2)减少了模板施工工序和用量,降低了造价,提高了效率	(1)保温板外表面平整度需要控制。 (2)连接件锚固深度影响保温一体化外墙安全性
预制反打保温装配式墙板	(1)构造技术层次与现浇免拆模外模板基本一致。 (2)工厂预制单元板块,生产工序采用反打技术	(1)可用于剪力墙和填充墙。 (2)表面规整,附着牢固,施工效率高	(1)竖向钢筋套筒连接施工控制要求高。 (2)外保温连接件安全度要求高
现浇免拆模夹心保温墙板(内外叶墙板均现浇)	(1)采用 B1 级保温材料作为保温芯材。 (2)采用各种限位件、连接件将内外叶墙板固定。 (3)外侧采用自密实混凝土,内侧采用混凝土,现场浇筑剪力墙或填充墙	(1)可用于剪力墙和填充墙。 (2)提高了墙面的平整度,使得外墙装饰面层多样化。 (3)保温与结构同寿命更有保证	(1)注意自密实混凝土的振捣以及和常规混凝土的区分浇筑。 (2)注意内外侧同时浇筑,避免保温模板移位。 (3)注意外叶墙板的结构受力等问题
预制夹心保温装配式墙板	(1)构造层次与现浇免拆模夹心保温墙板基本一致。 (2)工厂预制单元板块。 (3)作为保温与结构一体化技术,也可以集结构、保温、装饰、非透明幕墙于一体	(1)可用于剪力墙和填充墙。 (2)现场组装,现场施工程序最少,现场模板数量少,施工速度快。 (3)质量控制较好,整体性好,防水性能优,保温与结构同寿命更有保证	(1)剪力墙预置墙板自重相对较大,吊装施工难度大。 (2)外墙板交界处需注意防水和外装整体性。 (3)竖向钢筋套筒直接施工控制要求高
预制钢丝网架复合板喷涂砂浆外墙保温墙板	(1)两侧无机保温板各 25~30 mm 厚,夹住中间 B1 级保温板,并有断热桥连接件(贯通)和斜插筋(不贯通),以及两侧钢丝网,在工厂预制完成。 (2)在外侧钢丝网层,现场喷涂砂浆 25~30 mm 厚,完成保护层≥50 mm 厚	(1)主要适用于框架结构体系的填充墙。用于剪力墙时,需放入模板和结构一体化浇筑。 (2)自重较轻,适用于钢结构、层高较高墙板以及超高层建筑。 (3)斜插筋不穿透保温,点状热桥大幅减少。 (4)不需支模浇筑成型,施工相对较快,节省工期。 (5)利于集成建筑装饰造型	(1)内外墙体及檐口下部等位置现场喷涂,找平需要处理。 (2)现场建筑结构交接处局部防水需着重处理
自保温砌块	砌块内外层间或孔洞中填插保温材料制成的复合保温砌块或在骨料中复合轻质骨料制成的均相自保温砌块	可作为低层建筑的承重墙或框架结构的填充墙	(1)承载力较低,注意抗震要求的适配性,以及保温砌块超过梁宽带来的失稳问题。 (2)自保温砌块的冷热桥需要处理

第五章 外围护结构中的近无热桥设计

一、什么是近无热桥设计

近无热桥设计是超低能耗建筑重要的被动式技术手段之一,热桥是指在围护结构中因传热系数明显过大使热流显著增加的部位,热桥存在于墙角、阳台、屋顶、梁、柱等部位。冷桥即热桥,只是对同一事物的不同叫法。目前我国建筑节能率不断提高,外围护结构的保温厚度也在不断增加,但如果热桥部位仍沿用低节能率标准时的处理方式,则节能率越高或保温厚度越大,热桥位置的热流损失越明显,热桥位置带来的能耗损失比例越大,甚至室内侧结露发霉的风险越大。所以,在建筑节能领域,特别是达到超低能耗建筑的高节能标准时,应特别重视热桥的节能研究。另外,在实际工程中,也并非一味地追求热桥值的降低。综合考虑热桥在不同气候区、不同类型建筑中的影响,并分析判断热桥处理措施的落地实施性,在较高性价比的基础上尽量减少热桥对建筑能耗的影响,在此基础上提出技术原则应该为"近无热桥设计"而非"无热桥设计"。

本章通过能耗模拟计算,分析热桥在不同类型建筑中的影响,并分析判断热桥处理措施的落地实施性。

二、热桥能耗分析

(一)模拟软件

1.软件选择

目前使用较多的能耗软件有 DeST(Designer's Simulation Toolkit)、IBE、PHPP(Passive House Planning Package)三个软件,在 DeST 中,没有专门输入热桥的地方,使用的都是缺省值,必须将热桥值手动计算,自行折算到外墙屋顶等的平均传热系数中,计算量大;IBE 中是在各个房间的墙上输入热桥值及长度,输入、修改需要逐个进行,有相当工作量;PHPP 中有专门用来输入热桥值及长度的表格,可以灵活修改热桥值大小及其长度、个数。综上所述,在热桥值对能耗的影响分析中,PHPP 相对更为细致全面,本书使用 PHPP 软件进行相应的热桥能耗影响分析。

2.能耗计算软件

Design PH 和 PHPP 是德国被动房研究所开发的被动房规划设计软件。

Design PH 是 SketchUp 的一个插件,三维建模后,设置建筑各个部位的热工特性,可以生成建筑的几何数据,通过 PPP 格式的文件导入 PHPP 中,大大减少输入数据的工作量。

PHPP 是基于 Excel 表格计算和德国被动房标准的节能计算软件,是被动式建筑设计的一个非常重要的辅助计算软件。

3.原理介绍

PHPP中建筑物供暖、制冷需求以月为计算单位,采用能量平衡法进行稳态计算。一次能源需求(PE demand)包含的是采暖、制冷、除湿、热水、照明、设备辅助用电和电气设备的能源需求。建筑所有的得热和热损失计算都是基于TFA面积。TFA(Treated floor area)面积基本指生活面积或使用面积,只计算热围护结构内面积,还需要根据房间功能进行权衡计算(分不同比例计算面积)。

此次研究是在已获得PHI(Passive House Institute)认证的四个项目的基础上,在PHPP文件中通过调整热桥部分的热桥值或热桥长度,得到相对应的供暖需求、制冷&除湿需求以及一次能源需求,再将这些数值进行对比分析,得出热桥对能耗的影响。

(二)热桥计算软件

Flixo是基于U值的热平衡计算的二维热桥计算软件,通过对不同构造的建筑热桥材料层设置对应的物理参数和几何参数,并对模型中各边界面简化设置边界条件,能够体现墙面转角或建筑构件有热工缺陷等处的传热现象。模拟结果可显示为温度曲线或热流分布,将热桥薄弱点可视化。

(三)项目基本情况统计

四个项目各有特色,结构形式、体量大小等都各不相同,综合对比下更能全面了解热桥对各种围护结构的敏感度及对能耗的影响。项目基本情况见表5-1。

表5-1 项目基本情况

项目名称	南京森鹰办公楼	信阳上天梯市民中心	信阳上天梯多功能民宅	五方科技馆
建筑类型	办公建筑	文化建筑	居住建筑	办公建筑
建筑特点	既有建筑改造	大空间场馆	别墅	综合功能
TFA面积/m²	2 194.6	3 247.5	243	1 364.8
建筑面积/m²	地上2 678.04	3 291.56	293.85	1 515.68
建筑层数	地上5F,地下2F	地上3F	地上2F	地上2F
建筑高度/m	21.1	14.23	8.05	12.85
结构特点	钢筋混凝土结构、玻璃幕墙+铝板幕墙	钢结构+钢丝网架珍珠岩复合保温板	钢结构+钢丝网架珍珠岩复合保温板	钢筋混凝土结构
项目所在地	江苏南京	河南信阳	河南信阳	河南郑州
气候区分布	夏热冬冷地区	夏热冬冷地区	夏热冬冷地区	寒冷地区

项目名称		南京森鹰办公楼	信阳上天梯市民中心	信阳上天梯多功能民宅	五方科技馆
热工设计	外墙	层间墙 200 mm 岩棉, 传热系数0.223 W/(m²·K); 非透明保温幕墙 150 mm 岩棉, 传热系数 0.208 W/(m²·K)	260 mm 石墨聚苯板, 传热系数0.147 W/(m²·K)	220 mm 石墨聚苯板, 传热系数0.144 W/(m²·K)	150 mm 石墨聚苯板, 传热系数 0.229 W/(m²·K)
	屋面	40 mm 真空绝热板+100 mm 石墨聚苯板, 传热系数0.122 W/(m²·K)	260 mm 石墨聚苯板, 传热系数0.150 W/(m²·K)	280 mm 石墨聚苯板, 传热系数0.121 W/(m²·K)	150 mm 挤塑聚苯板, 传热系数 0.195 W/(m²·K)
	地面	20 mm 挤塑聚苯板, 传热系数1.006 W/(m²·K)	100 mm 挤塑聚苯板, 传热系数0.282 W/(m²·K)	170 mm 挤塑聚苯板, 传热系数0.162 W/(m²·K)	无保温, 传热系数4.489 W/(m²·K)
	透明围护结构	综合传热系数 0.78 W/(m²·K)	综合传热系数 1.10 W/(m²·K)	综合传热系数 0.95 W/(m²·K)	综合传热系数 1.08 W/(m²·K)

(四) 热桥能耗分析

1.热桥在总能耗的占比

工况说明:无热桥指的是各种围护措施很到位,不存在热桥,这是一种假设情况,是现实中不可能存在的状况;有热桥指的是经过近无热桥处理后,此项目仍存在的热桥工况。

热桥占比计算公式:

$$热桥占比 = \frac{(有热桥工况下的需求 - 无热桥工况下的需求)}{有热桥工况下的需求}$$

注:下文"热桥占比"均为此含义。

下面我们就根据四个实际项目节能计算分析一下热桥对建筑能耗的影响。

(1)南京森鹰办公楼

南京森鹰办公楼热桥能耗占比见表5-2。

表 5-2 南京森鹰办公楼热桥能耗占比

项目	无热桥/[kW·h/(m²·a)]	有热桥/[kW·h/(m²·a)]	热桥占比
供暖需求	10.69	14.40	25.8%
制冷&除湿需求	22.00	21.95	-0.2%
一次能源需求	107.31	112.70	4.8%

（2）信阳上天梯市民中心

信阳上天梯市民中心热桥能耗占比见表5-3。

表5-3　信阳上天梯市民中心热桥能耗占比

项目	无热桥/[kW·h/(m²·a)]	有热桥/[kW·h/(m²·a)]	热桥占比
供暖需求	9.69	11.09	12.6%
制冷&除湿需求	15.81	15.71	−0.6%
一次能源需求	62.49	64.43	3.0%

（3）信阳上天梯多功能民宅

信阳上天梯多功能民宅热桥能耗占比见表5-4。

表5-4　信阳上天梯多功能民宅热桥能耗占比

项目	无热桥/[kW·h/(m²·a)]	有热桥/[kW·h/(m²·a)]	热桥占比
供暖需求	10.94	12.31	11.1%
制冷&除湿需求	19.74	19.46	−1.4%
一次能源需求	90.42	93.92	3.7%

（4）五方科技馆

五方科技馆热桥能耗占比见表5-5,热桥占比趋势图见图5-1。

表5-5　五方科技馆热桥能耗占比

项目	无热桥/[kW·h/(m²·a)]	有热桥/[kW·h/(m²·a)]	热桥占比
供暖需求	10.13	10.85	6.7%
制冷&除湿需求	14.91	14.93	0.2%
一次能源需求	116.01	116.63	0.5%

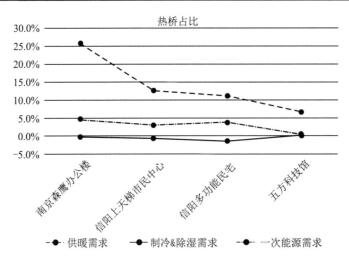

图5-1　热桥占比趋势图

（图片来源:五方建科）

小结:经过四个项目的对比分析,可以看到,有外挂铝板幕墙的改造项目中,热桥在整体一次能源需求的占比是最大的,达到了 4.8%;其次是小体量的钢结构项目,大概 3.7%;再次是稍大体量的钢结构项目,大概 3.0%;影响最小的是窗墙比合理的钢筋混凝土结构,仅有 0.5%。由此得出,建筑本身的结构形式以及原生状态对热桥的影响还是比较大的,钢筋混凝土最小,其次是钢结构,最大的则是改造项目+大面积幕墙。

从以上四个项目的趋势图中可以得出,热桥大体上对供暖需求是不利影响,而对制冷、除湿需求的影响较小,这和热桥主要影响室内外的热量传导有关。冬季室内外温差越大,因而供暖需求就影响显著;夏季室内外温差小,制冷需求就影响较小。而且对于需要散热的时间段,热桥还会成为有利因素。

2.分析能耗占比大的热桥

建筑中包含各种类型的热桥,有结构热桥、几何热桥、点热桥等,其中会有一部分热桥很突出,占比也比较大。

工况说明:去掉最大热桥指的是将相对比较大的热桥全部删掉的工况;有热桥指的是经过近无热桥处理后,仍存在的热桥工况。

最大热桥占比计算公式:

$$最大热桥占比 = \frac{(有热桥工况下的需求 - 去掉最大热桥工况下的需求)}{有热桥工况下的需求}$$

(1)南京森鹰办公楼

南京森鹰最大热桥能耗占比见表 5-6,其最大热桥占比总热桥占比见图 5-2。

表 5-6 南京森鹰最大热桥能耗占比

项目	去掉最大热桥 /[kW·h/(m²·a)]	有热桥 /[kW·h/(m²·a)]	最大热桥占比	热桥占比	热桥节点
供暖需求	12.18	14.40	15.5%	25.8%	幕墙生根点
制冷&除湿需求	21.90	21.95	0.3%	-0.2%	
一次能源需求	109.33	112.70	3.0%	4.8%	

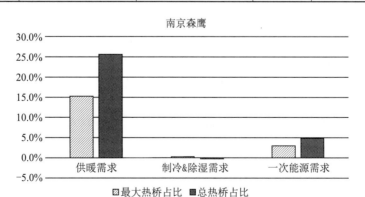

图 5-2 南京森鹰最大热桥占比与总热桥占比

(图片来源:五方建科)

外挂铝板幕墙的建筑中,幕墙生根点的热桥对一次能源需求的影响达到了总热桥的一半还要多,对供暖需求的影响同样占总热桥的一大半。大多数热桥对供暖需求有不利影响,对制冷除湿需求是有利影响,是因为计算区间较长时,制冷期平均温度低于室内设计温度。而幕墙生根点的热桥因占比较大,对制冷需求也是不利影响。由此可见,并非热桥值越大对制冷需求越好,而是有一个区间。

(2)信阳上天梯市民中心

信阳上天梯市民中心最大热桥能耗占比见表5-7,其最大热桥占比与总热桥占比见图5-3。

表5-7　信阳上天梯市民中心最大热桥能耗占比

项目	去掉最大热桥 /[kW·h/(m²·a)]	有热桥 /[kW·h/(m²·a)]	最大热桥占比	热桥占比	热桥节点
供暖需求	10.70	11.09	3.5%	12.6%	外墙、屋面板材的连接件
制冷&除湿需求	15.72	15.71	−0.1%	−0.6%	
一次能源需求	63.87	64.43	0.9%	3.0%	

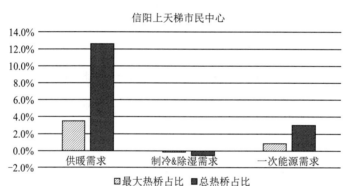

图5-3　信阳上天梯市民中心最大热桥占比与总热桥占比

(图片来源:五方建科)

此建筑使用钢丝网架珍珠岩复合保温板,板材的连接件即便已经处理且选择的是导热系数小的材料,仍不可避免地有热桥。在整个建筑中,板材自身的热桥在整体热桥占比接近1/3,这部分影响一般都折算到复合保温板的平均传热系数中。

(3)信阳上天梯多功能民宅

信阳上天梯多功能民宅最大热桥能耗占比见表5-8,其最大热桥占比与总热桥占比见图5-4。

表 5-8　信阳上天梯多功能民宅最大热桥能耗占比

项目	去掉最大热桥 /[kW·h/(m²·a)]	有热桥 /[kW·h/(m²·a)]	最大热桥占比	热桥占比	热桥节点
供暖需求	10.67	12.31	13.3%	11.1%	钢梁、钢柱
制冷&除湿需求	19.70	19.46	−1.2%	−1.4%	
一次能源需求	89.58	93.92	4.6%	3.7%	

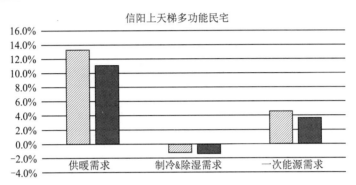

图 5-4　信阳上天梯多功能民宅最大热桥占比与总热桥占比

(图片来源:五方建科)

　　小体量的建筑中,屋脊、阳角、屋檐等负热桥部位在整体围护结构中占的比例还是比较大的,而负热桥对能耗带来的又是有利的影响,这是热桥和围护结构能耗计算的时候采用外部尺寸计算导致的,就造成在去掉钢柱、钢梁带来的结构热桥后,所得结果甚至比没有热桥还要优越。小体量的建筑因其体形系数本来就不占优势,热桥对能耗的影响占比又比较大,因此在对其进行设计时,热桥的处理要尤其注意。

　　(4)五方科技馆

　　五方科技馆最大热桥能耗占比见表 5-9,其最大热桥占比与总热桥占比见图 5-5。

表 5-9　五方科技馆最大热桥能耗占比

项目	去掉最大热桥 /[kW·h/(m²·a)]	有热桥 /[kW·h/(m²·a)]	最大热桥占比	热桥占比	热桥节点
供暖需求	10.55	10.85	2.7%	6.7%	结构挑板
制冷&除湿需求	14.92	14.93	0.1%	0.2%	
一次能源需求	116.37	116.63	0.2%	0.5%	

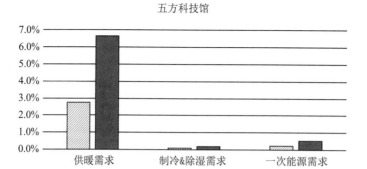

五方科技馆

☐最大热桥占比 ■总热桥占比

图5-5 五方科技馆最大热桥占比与总热桥占比
(图片来源:五方建科)

相比幕墙生根点、板材连接件、钢结构热量流失引起的能耗增加,钢筋混凝土结构的整体热桥就小了很多,对能耗的影响也最小,但结构挑板在总热桥中所占的比例还是相当大的,接近一半。

3.小结

从四个项目综合来看,可以得出以下结论:

(1)在装配式建筑、钢结构建筑、幕墙建筑、钢筋混凝土建筑中,结构热桥都是总热桥的主要部分,且都是难以避免的。

(2)在超低能耗建筑设计时,要认真考虑结构形式对能耗带来的影响。比如装配式外墙板的使用,在板缝及转角部分的热桥就要经过认真测算,保证能耗模拟计算的准确性。

(3)热桥对于一般建筑的整体能耗有一定影响,在3%~5%之间,在室内不发霉结露以及满足超低或近零能耗本体节能率的要求下,可以适当降低要求,减少施工难度。

三、热桥做法

在超低能耗建筑设计中,会遇到很多需要进行热桥处理的节点,比如超低能耗区域与非超低能耗区域交接的位置,由建筑结构导致的钢梁、钢柱、阳台挑板等热桥节点,以及建筑装饰、外挂幕墙固定的生根点、门窗安装热桥等。此次选取其中三个节点,从保温厚度、处理方式等方面分析讨论,得出热桥处理的基本原则。

(一)女儿墙处热桥分析

围护结构为200 mm厚钢筋混凝土外墙,100 mm厚钢筋混凝土屋面板,钢筋混凝土女儿墙厚度同外墙,高度600 mm。保温材料为石墨聚苯板,外墙保温厚150 mm,屋面保温厚150 mm,女儿墙外侧保温厚度同外墙。女儿墙顶及内侧保温厚度分四种情况分析。第一种情况为女儿墙顶及内侧保温厚度均为150 mm;第二种情况为女儿墙顶及内侧保温厚度均为100 mm;第三种情况为女儿墙顶及内侧保温厚度均为50 mm;第四种情况为女儿墙顶不做保温、内侧保温厚度为150 mm。表5-10为女儿墙节点各材料基本性能参数。

表 5-10　女儿墙节点各材料基本性能参数

序号	材料	导热系数/[W/(m·K)]	修正系数
1	钢筋混凝土	1.74	—
2	水泥砂浆	0.93	—
3	石墨聚苯板	0.032	1.05

四种情况下软件模拟的情况及热流分布图见彩图 1~彩图 4。表 5-11 为女儿墙四种情况热桥值的对比分析。

表 5-11　女儿墙四种情况热桥值的对比分析

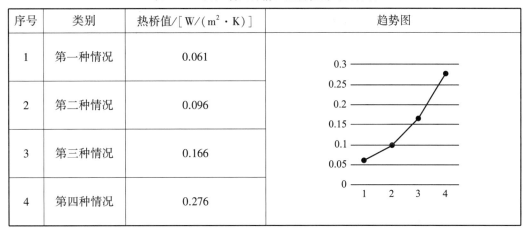

序号	类别	热桥值/[W/(m²·K)]	趋势图
1	第一种情况	0.061	
2	第二种情况	0.096	
3	第三种情况	0.166	
4	第四种情况	0.276	

从表 5-11 可以看出,对比前三种情况,在保温全包的情况下,热桥值是随着保温厚度的减少不断增加的;再结合第四种情况综合对比,发现即便是女儿墙内侧保温已经足够厚,保温不连续的热桥值依旧是最高的。

因此,在处理女儿墙热桥时应先保证保温的连续性,在此基础上再确定适宜的保温厚度。女儿墙顶是水平的,在此处增加保温板时没有竖向脱落的风险,施工难度也不大,属于安全可靠且高性价比的选择。女儿墙在屋顶之上,因外墙保温直接延伸到女儿墙顶,对在室外地平面上看到的外立面完全没有影响,只在屋面上能够看到因两侧都有保温显得厚重的女儿墙。

(二)阳台挑板处热桥分析

围护结构为 200 mm 厚钢筋混凝土外墙,100 mm 厚钢筋混凝土楼板,阳台挑板挑出 1 500 mm。保温材料为石墨聚苯板,外墙保温厚 150 mm。阳台挑板保温延伸长度从外墙保温外边缘起算,分四种情况分析,第一种情况为保温全包,保温厚度为 150 mm;第二种情况为保温全包,保温厚度为 100 mm;第三种情况为保温延伸 1 000 mm,保温厚度为 150 mm;第四种情况为保温延伸 1 000 mm,保温厚度 100 mm。表 5-12 为阳台挑板节点各材料基本性能参数。

表 5-12　阳台挑板节点各材料基本性能参数

序号	材料	导热系数/[W/(m·K)]	修正系数
1	钢筋混凝土	1.74	—
2	水泥砂浆	0.93	—
3	石墨聚苯板	0.032	1.05

　　四种情况下软件模拟的情况及热流分布图见彩图 5~彩图 8。表 5-13 为阳台挑板四种情况热桥值的对比分析。

表 5-13　阳台挑板四种情况热桥值的对比分析

序号	类别	热桥值/[W/(m²·K)]	趋势图
1	第一种情况	0.150	
2	第二种情况	0.197	
3	第三种情况	0.168	
4	第四种情况	0.206	

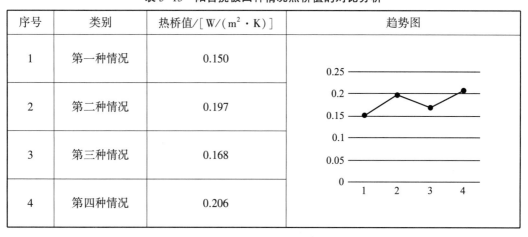

　　从表 5-13 可以看到,对比第一种和第三种、第二种和第四种情况,在保温厚度相同的情况下,保温全包和保温延伸 1 m 的热桥值相差并不大,且粘贴阳台挑板侧面保温时,因可锚固位置比较短,在保温厚度较厚时会有保温脱落的风险;对比第一种和第二种、第三种和第四种情况,采用相同处理方式时,保温厚度的增加对热桥值的影响还是比较大的。

　　因此,在进行阳台板的热桥处理时,没有必要一味要求保温全包,保温延伸 1 m 就已经足够,至于保温厚度则可通过不同厚度的热桥值对比得到最佳性价比的选择。从处理原则上来看,将保温热桥延伸和外墙大面积保温按同样厚度处理稍显浪费,而将保温热桥延伸的保温厚度,稍薄于外墙保温厚度为性价比为佳。

　　女儿墙的节点和阳台挑板的节点有共通之处,当女儿墙高度不超过 1 m,阳台挑板长度大于 1 m,此时女儿墙保温全包,阳台挑板保温延伸 1 m 为最佳的选择。而当女儿墙高度超过 1 m 时,就可以参照阳台挑板的热桥处理原则实行;类似空调挑板长度低于 1 m 时,就可以参照女儿墙的热桥处理原则实行。超低能耗建筑设计过程中,热桥处理方式是可以灵活变动的,并不是一成不变的。

(三) 钢柱处热桥分析

围护结构为钢结构柱承重,200 mm 厚加气混凝土砌体墙。保温材料为石墨聚苯板,外墙保温厚 150 mm,通过改变钢柱的横截面以及与保温的关系分析热桥影响。第一种情况为钢柱与外墙平齐,第二种情况为钢柱突出外墙边缘 50 mm,第三种情况为钢柱突出外墙边缘 100 mm,第四种情况为钢柱突出外墙边缘 100 mm,钢柱部分外墙保温局部加厚至 150 mm 且左右各延伸 100 mm。表 5-14 为钢柱节点各材料基本性能参数。

表 5-14 钢柱节点各材料基本性能参数

序号	材料	导热系数/[W/(m·K)]	修正系数
1	加气混凝土	1.15	—
2	水泥砂浆	0.93	—
3	石墨聚苯板	0.032	1.05
4	钢材	80	—
5	空气	0.722	—

四种情况下软件模拟的情况及热流分布图见彩图 9~彩图 12。表 5-15 为钢柱四种情况热桥值的对比分析。

表 5-15 钢柱四种情况热桥值的对比分析

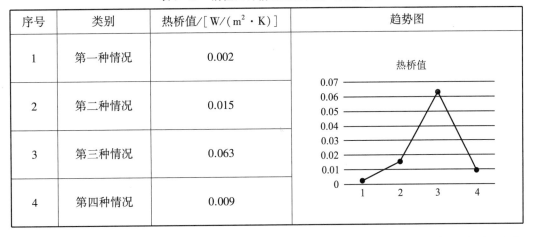

序号	类别	热桥值/[W/(m²·K)]	趋势图
1	第一种情况	0.002	
2	第二种情况	0.015	
3	第三种情况	0.063	
4	第四种情况	0.009	

从表 5-15 可以看到,对比前三种情况,可以看到在钢柱与外墙外边缘平齐时,基本没有热桥,随着钢柱突出外墙越来越长,保温厚度逐渐减少,热桥值逐渐增大,甚至在钢柱外保温从 100 mm 降至 50 mm 时上升斜率变大;对比第一种和第四种情况,可以看到即便是相同的保温厚度甚至有一些保温延伸,热桥值依然比与外墙平齐时的情况大,同时局部加厚保温厚度还会造成外立面造型的变化。

因此,在外墙有两种甚至两种以上建筑材料,且不同材料之间的导热系数相差较大时,应尽量使外墙外边缘各材料平齐,其根本目的还是让保温连续不间断。类似钢柱尺寸及其横截面的处理,应在设计之初就考虑好,尽量减少与外墙垂直方向的截面长度,最大限度降低结构形式对热桥的影响,且尽量减少对室内空间的占用,不影响室内空间的功能。

四、具体设计中对热桥处理的原则

综合热桥对能耗的影响、不同条件下的对比分析及项目经验所得,热桥处理的原则建议如下:

(1)保温系统的连续性。在热桥处理中,最先要保障的一项便是保温连续,连续但厚度小的保温比断开但厚度大的保温效果好很多,是最经济且必要的手段。

(2)适宜的厚度。不要一味追求高厚度,但也不能因为热桥仅占一部分区域就忽视,应通过计算后对比分析或者项目经验得出经济且实用的厚度。

(3)适宜的长度。类似阳台挑板这种凸出外围护结构,以及超低能耗区域与非超低能耗区域交接位置的保温延伸,不要盲目增加长度,一般只延伸 1 m 就可以,如果有导热系数特别大的材料或者热桥部位比较多的情况可根据计算酌情增加长度。

(4)“近”无热桥处理原则。无热桥处理是不提倡且不实用的做法,要做到无热桥,不仅增加造价,还会增加施工难度,甚至还会改变建筑方案,抑制新技术新产品的使用,属于“投入大于产出”的做法,因此,“近”无热桥处理应运而生。“近”指的就是在满足能耗需求的基础上,选择性价比最高的处理方法,而非一味地追求热桥值的降低。

(5)结构体系的热桥处理。随着装配式超低能耗建筑体系的大面积推开,各式各样的一体化外墙系统开始涌现,结构体系带来的热桥是不可避免的,需要做的是尽量减少热桥的影响。因其发展时间也不长,如何高效且高性价比地解决结构体系的热桥影响,还需要进一步研究探索,在发展中逐步解决热桥的问题。

第六章 气密性认识的三个误区

随着我国建筑节能标准的不断提高,建筑围护结构的热工性能不断提升,而建筑气密性对能耗的影响占比也在随之提升,所以建筑气密性逐渐成为建筑能耗的一个主要影响因素。较高的气密性要求不仅会降低建筑的供暖与制冷能耗,而且在室内舒适性指标提升以及在防潮、防火、隔音等方面具有良好的效果,同时在阻隔室外污染物进入室内,为有组织、有效率的机械通风提供了条件,更好地保证了室内空气质量。

我国对建筑气密性的研究起步较晚,其作为建筑节能与建筑舒适性指标的因素也往往被忽略掉,在研究初期对建筑整体气密性评价主要是用单一构件(如外窗、外门、幕墙等)的气密性来代替建筑整体的气密性,往往忽略了建筑围护结构空气泄漏及外界因素对建筑整体气密性的影响。截至 2000 年的研究数据表明,气密性 N_{50} 在 $8\sim20\ h^{-1}$ 之间,而从 2000 年至今,我国建筑节能指标从 50% 提高到 75% 以上,但是在气密性指标方面研究缺失。国外特别是欧洲国家节能设计或节能法规中对建筑气密性都有明确的规定,如德国建筑节能法规中规定,普通自然通风建筑换气次数 $N_{50}\leqslant3.0\ h^{-1}$,机械通风建筑换气次数 $N_{50}\leqslant1.5\ h^{-1}$,被动房建筑换气次数 $N_{50}\leqslant0.6\ h^{-1}$,并且该指标在未来还会进一步提高,如表 6-1 所示。

表 6-1　国际上对气密性提出的要求

国家	建筑类型	换气次数 $N_{50}/[\mathrm{m^3/(m^3\cdot h)}]$
德国	低能耗建筑	≤1.5
	被动式建筑	≤0.6
	一般性建筑	1.8~3.6
英国	被动式建筑	≤0.6
瑞士	一般性建筑	≤3.6
瑞典	被动式建筑	≤0.3
	一般性建筑	1.0~3.0
挪威	一般性建筑	≤3.0
	被动式建筑	≤0.6
丹麦	被动式建筑	≤0.6
	一般性建筑	≤2.8
芬兰	低能耗建筑	60.8
	被动式建筑	≤0.8
	一般性建筑	≤1.0
捷克	一般性建筑	≤4.5

来自德国的被动房进入我国后,对国内原有的建筑节能技术体系产生了重大影响。我们要在其原有五大技术体系和实际案例的基础上,针对国内不同的气候条件、建筑类型、文化习惯,进行补充和完善,其中气密性就有许多值得再思考的地方。被动房的主要影响之一,就是其提出对建筑整体气密性的要求,改变了之前仅仅对门窗、幕墙提出了气密性的要求。多个项目的实践总结反馈,我们对气密性的认识还不够全面到位,甚至存在一些误区,对这些误区的认识和澄清,将帮助我们正确利用好气密性(下文中的"气密性"均指"建筑整体气密性")这一技术手段。

一、误区之一:气密性只对节能有帮助

气密性的高低直接影响建筑供暖与制冷以及通风的能耗,尤其是门窗、墙体、屋面、地面以及各个建筑不同构造连接处,是建筑气密性最薄弱的部位,这些部位因为气密性不好而影响能耗,还会对室内保温、保湿、隔离噪声、隔绝灰尘、建筑寿命等产生影响,所以说,气密性对于"恒温、恒氧、恒湿、恒洁、恒静"的"五恒"室内环境是全方位的贡献。图6-1为建筑气密性与能耗的关系图。

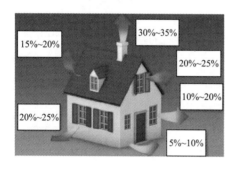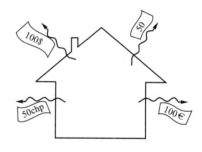

图6-1 建筑气密性与能耗的关系
(图片来源:PHI被动房研究所)

(一)气密性对能耗的影响

气密性带来了室内换气次数的不同,室内换气次数过大,会导致建筑供暖、制冷、通风等能耗指标的提升,特别是在高温、寒冷、强风等恶劣天气的情况下。

1.气密性对于能耗的影响

气密性主要考虑的是整个外围护结构的影响,民用建筑中居住建筑的气密性普遍优于公共建筑,因为公共建筑能耗相对较大,因此对于公共建筑气密性的研究更有意义。现以同一公建项目为例,采用PHPP软件分析不同气候区气密性 $N_{50}=0.6\ h^{-1}$(等价于常压下渗透换气次数 $0.04\ h^{-1}$)和 $N_{50}=7.1\ h^{-1}$(等价于常压下渗透换气次数 $0.50\ h^{-1}$)对建筑全年冷、热需求和建筑供暖、制冷、通风能耗的影响。

某公建项目模型基本信息:建筑面积约1 500 m^2,地上2层,体形系数0.22,南向窗墙比0.43,北向窗墙比0.13,东向窗墙比0.16,西向窗墙比0.19。围护结构外墙传热系数0.19 $W/(m^2 \cdot K)$,屋顶传热系数0.21 $W/(m^2 \cdot K)$,地面传热系数0.836 $W/(m^2 \cdot K)$,外窗传热系数1.0 $W/(m^2 \cdot K)$;内部主要功能是会议、办公、住宿和餐饮等。

分别计算以上模型在哈尔滨(严寒地区)、北京(寒冷地区)、成都(夏热冬冷地区)、广州(夏热冬暖地区)、昆明(温和地区)地区不同气密性下的冷、热需求和建筑能耗,计算结果详见表6-2。从以上结果可发现,当气密性要求从 $N_{50}=0.6\ h^{-1}$ 降低到 $N_{50}=7.1\ h^{-1}$ 时,建筑冷、热需求和建筑能耗变化如表6-2所示。

表6-2　气密性对不同地区的影响　　　　单位:kW·h/(m²·a)

地区	$N_{50}=0.6\ h^{-1}$			$N_{50}=7.1\ h^{-1}$		
	热需求	冷需求	建筑能耗	热需求	冷需求	建筑能耗
哈尔滨	59.6	2.2	171.2	153.6	3.2	354.5
北京	21.0	11.0	79.2	76.2	19.8	176.4
成都	3.5	24.7	44.9	20.8	45.0	60.8
广州	0.0	35.5	49.0	3.9	85.0	55.7
昆明	0.0	52.4	43.7	0.0	65.7	50.3

注:1.严寒和寒冷地区气密性指标对供暖影响较大,故哈尔滨与北京供暖能耗影响幅度较大,成都地区影响幅度较小。

2.建筑能耗的变化和冷热需求的变化不同步,热对能耗的影响相对大,冷对能耗的影响相对小。

(1)哈尔滨地区(严寒地区)热需求增加1.58倍,冷需求增加45%,建筑能耗增加1.04倍;

(2)北京地区(寒冷地区)热需求增加2.63倍,冷需求增加80%,建筑能耗增加1.23倍;

(3)成都地区(夏热冬冷地区)热需求增加4.94倍,冷需求增加82%,建筑能耗增加35%;

(4)广州地区(夏热冬暖地区)热需求的变化可忽略,冷需求增加1.39倍,建筑能耗增加14%;

(5)昆明地区(温和地区)无热需求,冷需求增加25%,建筑能耗增加15%。

从热需求角度考虑,气密性对成都(夏热冬冷地区)、北京(寒冷地区)和哈尔滨(严寒地区)地区影响较大;从冷需求角度考虑,气密性对广州(夏热冬暖地区)、成都(夏热冬冷地区)和北京(寒冷地区)影响较大;从对建筑综合能耗影响程度考虑,气密性对北京(寒冷地区)和哈尔滨(严寒地区)影响最大,成都(夏热冬冷地区)次之,昆明(温和地区)和广州(夏热冬暖地区)影响最小。

2.建筑局部气密性对建筑能耗的影响

建筑局部气密性主要指建筑内部空调区域和非空调区域,以及超低能耗建筑里面提及的被动式区域与非被动式区域的气密性。人们往往只关注建筑整体气密性而忽略建筑内部局部气密性,对局部气密性的研究更少。例如,公共建筑往往存在供暖区与非供暖区(核心筒、储藏间、地下车库、厨房等),这些区域往往影响着相邻供暖区域的能耗与舒适性。

从能耗角度来看,空调区和非空调区之间存在能耗损失,气密性越差,能耗损失越严重。从机械送风气流组织方面考虑,新风系统设计较多借助门缝等完成空气溢流换气,如居住建筑新风送进卧室,排风从卫生间或餐厅排出,办公建筑新风送进办公区域,排风从走廊或卫生间排出等,均存在空调区向非空调区的空气流动。应避免无组织的空气渗透,尽量控制局部气密性,减少空调区的能量损失。

超低能耗建筑对热工性能、气密性、断热桥等方面要求很高,目的在于通过高性能的围护结构以及高效率的设备机组大幅度地降低能耗。但是非空调区域对空调区域的影响可能会对建筑能耗以及设备选型造成较大压力,所以一些典型区域的空调区域和非空调区域之间需要考虑做一定的隔离措施。例如建筑一层与地下车库的楼板处、地下核心筒外围护处、室内大型厨房与其他功能房间结合处等区域,如图 6-2 所示。

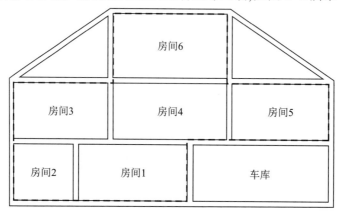

图 6-2 某项目车库隔离处理

(图片来源:PHI 被动房研究所)

(二)气密性除节能之外的作用

1.防止出现冷凝及发霉

建筑气密性差的建筑,由于建筑围护结构以及门窗缝隙等因素的存在,室外空气极易渗透入室内,对室内热湿环境不利。特别是北方的冬季,由于室内外温差大,室外冷空气渗透入围护结构墙体或者保温层,不仅在室内形成了冷辐射面,还容易在围护结构表面产生冷凝结露发霉的现象,导致细菌滋生,影响室内空气质量。还有南方的夏季,室外热湿空气渗透进室内,在室内空调制冷的情况下热湿空气预冷在围护结构表面产生冷凝结露发霉,导致细菌滋生、墙皮脱落等现象的发生,使得围护结构内部受损以及墙体表面发霉,不仅影响墙体的寿命,同时长期处于发霉环境下对人体健康也不利。

2.防止气流波动

良好的气密性有助于室内的气流组织稳定,如果建筑的气密性不好,在室外风力较大时会出现向室内灌风的现象,导致室内气流波动,较小的温差会让体感更加舒适。

3.防止室内空气出现污染状况

目前多地冬季雾霾现象频发,$PM_{2.5}$、PM_{10} 等污染物已经成为影响人体健康的主要污染物。当室外污染物超标时,良好气密性的建筑围护结构相当于一层保护屏障,防止室外污染物渗透进室内,保证了室内的环境指标,如图 6-3 所示。

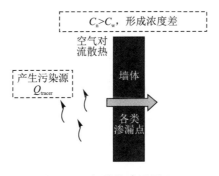

图 6-3　污染物渗透原理

（图片来源：PHI 被动房研究所）

4.提升建筑隔声性能

良好的气密性对构件的隔声性能有很大的帮助,一个缝隙可能会降低构件 10 dB 的隔声性能。

5.确保通风系统的高效运行,降低能源需求

如果建筑气密性不好,通风热回收设备就会交换不充分,从而降低热回收效率,同时较差的气密性意味着渗透换气次数较高,两者都会增加建筑的通风热损失。

二、误区之二：气密性应该越往南要求越低,公共建筑比住宅要求低

（一）气密性在各气候区的标准要求

《近零能耗建筑技术标准》(GB/T 51350—2019)是首部对建筑整体气密性做出详细规定的国家标准,具体要求详见表 6-3。从规定中可以看出居住建筑气密性要求高于公共建筑,严寒和寒冷地区气密性要求高于其他气候区。

表 6-3　超低/近零能耗建筑气密性要求

建筑类型	严寒地区	寒冷地区	夏热冬冷地区	夏热冬暖地区	温和地区
居住建筑	≤0.6			≤1.0	
公共建筑	≤1.0		—		

一般观点认为,北方建筑气密性要求均高于南方建筑,但是通过项目具体实践来看,气密性处理没有办法实质性把控实测值,比如通过什么样的具体措施控制到 0.6 或者 1.0 呢？根据不同建筑的模拟分析对比也可得出,在南方建筑气密性做好的情况下可以有效降低建筑的制冷以及除湿能耗。

为了验证气密性对南方建筑能耗的影响很大,通过夏热冬暖地区的一个公共项目进行不同气密性的模拟分析对比,来验证超低能耗建筑气密性对能耗的影响。

图 6-4 为现有建筑的能耗,其 N_{50} 测试值为 0.6 h^{-1},如果此值变为 3 h^{-1},其能耗如图 6-5 所示。

Specific building characteristics with reference to the treated floor area		
	Treated floor area m²	2550.3
Space heating	Heating demand kWh/(m²a)	0
	Heating load W/m²	-
Space cooling	Cooling & dehum. demand kWh/(m²a)	76
	Cooling load W/m²	12
	Frequency of overheating (> 26 °C) %	-
	Frequency of excessively high humidity (> 12 g/kg) %	0
Airtightness	Pressurization test result n_{50} 1/h	0.6
Non-renewable Primary Energy (PE)	PE demand kWh/(m²a)	124
Primary Energy Renewable (PER)	PER demand kWh/(m²a)	63
	Generation of renewable energy (in relation to projected building footprint area) kWh/(m²a)	0

图 6-4　现有方案建筑 PHPP 能耗计算结果(计算过程版数据)

(图片来源:五方建科)

Specific building characteristics with reference to the treated floor area		
	Treated floor area m²	2550.3
Space heating	Heating demand kWh/(m²a)	0
	Heating load W/m²	-
Space cooling	Cooling & dehum. demand kWh/(m²a)	98
	Cooling load W/m²	13
	Frequency of overheating (> 26 °C) %	-
	Frequency of excessively high humidity (> 12 g/kg) %	0
Airtightness	Pressurization test result n_{50} 1/h	3.0
Non-renewable Primary Energy (PE)	PE demand kWh/(m²a)	156
Primary Energy Renewable (PER)	PER demand kWh/(m²a)	80
	Generation of renewable energy (in relation to projected building footprint area) kWh/(m²a)	0

图 6-5　N_{50} 测试值为 3 h^{-1} 时方案建筑能耗

(图片来源:五方建科)

其中制冷需求由 76 kW·h/(m²·a)升高到 98 kW·h/(m²·a),制冷负荷由 12 W/m² 升高到 13 W/m²,一次能源需求由 124 kW·h/(m²·a)升高到 156 kW·h/(m²·a)。

由上述结果可以看出,相比门窗、保温等造价成本较高的措施,气密性措施实施的花费相对较少,但获得的节能效果以及舒适性体验却很明显,因为气密性在南、北方地区均有一定的作用,建议项目实际实施过程的气密性标准尽可能高些,助力项目节能及舒适性的提升。

(二)气密性的大小如何实现控制

1.气密性要求

气密性指建筑物在密闭状态下,建筑物室内外空气渗透程度的评价指标,一般采用压差法测试被动房的气密性。基本原理为通过风门在建筑物内建立一定的负压或正压，一般为±50 Pa，测试维持该压力的风机体积流量，这个流量就是通过建筑物外围护结构的漏风量。然后将该流量除以建筑物围护结构包容的空气净体积，得出在50 Pa压差下的换气次数，根据换气次数判断建筑物的气密性是否满足要求。

2.建筑气密性材料

普通的气密性材料指常规可以认为是气密层的材料，如钢筋混凝土、外墙抹灰、钢板、玻璃、气密性良好的门窗。这些材料是气密层的组成部分，气密性薄弱环节指这些材料相互的连接处。处理这些薄弱环节需要专门的气密膜或者气密性胶带，这些材料在国内的常规建筑中并没有使用，一般情况我们对这些部位采用打发泡胶来填充处理。发泡胶可以作为填充材料使用，但并不可以作为密封材料使用，因为首先发泡胶在施工时并不能保证完全的填充，其次随着时间的推移，发泡胶会收缩从而产生裂缝。

3.常见气密性薄弱位置

在超低能耗建筑设计时，可以使用一支铅笔对建筑的剖面图和平面图内部描线，必须保证铅笔可以完整地描成一个闭合的曲线。对打断的部位需要采取相应的措施保证气密性连续。以下位置都是薄弱位置，需要在施工时单独处理。

（1）门窗洞口

门窗安装时与门窗洞口周边的墙体连接的部位为薄弱环节，传统施工方案一般采用发泡的形式进行封堵，发泡材料本身是非气密性材料，在使用时间较长时会产生收缩。对于门窗洞口施工时需要对门窗安装的室内外分别进行气密性胶带粘贴，使门窗和基层墙体连接成完整的气密层（图6-6）。其中室内侧使用防水隔汽胶带，防止水汽进去墙体和保温层，同时也是建筑气密层的一部分；室外侧使用防水透汽胶带，有利于墙体内水汽排出墙体。

（2）穿墙管道

管道和墙体之间的缝隙需要采用气密性胶带进行粘接（图6-7），其中室内侧使用防水隔汽胶带，防止水汽进入墙体和保温层；室外侧使用防水透汽胶带，有利于墙体内水汽排出墙体。

图6-6　门窗洞口气密性处理
（图片来源：五方建科）

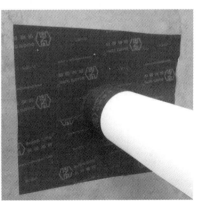
图6-7　穿墙管道气密性处理
（图片来源：五方建科）

（3）外墙线盒

在外围护结构墙体内尽量不要设置线缆管道和接线盒,如果由于特殊原因需要在外墙上安装线盒,且外墙采用非混凝土现浇的墙体,那么线盒将成为建筑气密性的泄漏点,需要采用专用的线盒或胶带对其密封(图6-8)。内墙的抹灰层属于气密性层,线盒四周的抹灰应保证实现连续的气密层。

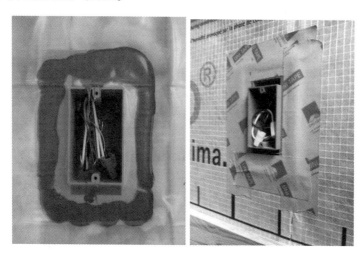

图6-8　线盒处气密性处理

图片来源:[德]PHI.被动房设计师培训教材(气密性)[M].2015,55页.

（4）不同材料的连接处

对于钢筋混凝土框架结构,应该注意砌筑填充墙体与混凝土梁柱结合缝的处理,对填充墙进行认真抹灰,同混凝土框架一起形成完整的气密层。但是对于后浇带等一些由性质差别很大的两种或两种以上材料组成的结合部位,需要先通过气密性胶带进行粘接之后,再在其表面进行抹灰等面层的施工(图6-9)。

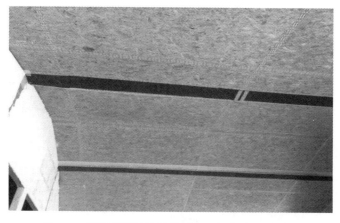

图6-9　不同材料的连接处需要用气密性胶带连接

图片来源:[德]PHI.被动房设计师培训教材(气密性)[M].2015,44页.

三、误区之三：气密性过好不利于门窗渗漏通风换气

超低能耗建筑在良好的气密性下，空气渗透带来的供暖、制冷、通风能耗已经大幅降低，但是在窗户密闭的情况下会造成室内空气质量不佳，所以会被认为气密性过好不利于通风换气。其实这两者并不矛盾，在室外空气质量好的情况下，超低能耗建筑是支持开窗通风的；在室外空气质量不好的情况下，高气密性可以有助于新风系统有组织地通风。

（1）气密性和开窗通风的关系。气密性是在"关闭门窗＋开启新风"才体现作用的，和自然通风不矛盾。

（2）超低能耗建筑容易气闷，装修异味也不容易短时间散发，主要是因为没有做到新风全天候开启，造成新风量不足，不利于不良气体的排出。在室外天气条件好于室内时，超低能耗建筑恰恰是鼓励开窗通风，毕竟开窗通风是最快捷改善室内空气质量的办法。值得注意的是，窗户可开启面积不足也会造成换气不及时、不充分。

四、要高度重视气密性在超低能耗建筑推动中的作用

气密性是性价比很高也是比较容易实现的技术手段。国外建筑较多为轻质结构，建筑围护结构气密性较差，气密性处理节点较多，难度与造价也较高，但是国内建筑较多为重质混凝土结构，混凝土砌块加抹灰层本身就是良好的气密层。实践表明，气密性措施不仅技术上容易实现，成本也低廉，特别是气密膜国产化之后。所以说气密性措施是性价比很高的一种节能舒适手段，特别是在受限条件较多的既有建筑改造、私人住宅改造中将会大显身手。

第七章 超低能耗复杂节点设计

一、超低能耗建筑节点概述

(一)超低能耗建筑节点设计的综合性

超低能耗节点设计,结合了近无热桥、气密性、材料特性、美观、耐久、经济、施工便利等多方面因素,既有常规设计的考虑,也有被动式建筑热工和气密性的特别因素。

节点设计是超低能耗建筑设计的关键,涉及现场施工的精细化程度,有利于超低能耗建筑的顺利实施。节点设计的疏忽可造成局部热流密度增大,从而形成点、线或三维的热桥,如幕墙钢构件、屋面女儿墙、室外门口处等,在供暖或制冷期间增大冷热损失,从而增加建筑能耗。同时也会导致建筑物室内结露、发霉以及对建筑围护结构的破坏,室内环境舒适度、健康度降低,违背了超低能耗建筑以结果为导向的设计初衷。

所以,对于超低能耗建筑的节点设计,我们更加注意构造、材料的应用以及其他多方面的综合设计要求。表7-1为超低能耗建筑节点的综合设计要求。

表7-1 超低能耗建筑节点的综合设计要求

节点设计的考虑因素	具体要求
近无热桥	(1)满足室内最薄弱位置没有冷凝结露风险; (2)满足超低能耗建筑整体的能耗计算达标
气密性	(1)不同位置采取区别对待的气密性措施; (2)共同组成整体建筑的气密性
材料特性	考虑各种建筑材料的抗压强度、抗拉强度、黏结牢固、耐候性、抵抗变形、适应变形等多种性能
建筑外观结合	因超低能耗保温厚度增加而带来的对建筑外观的影响,不只是增加了一些厚度,往往从量变会带来质变,影响建筑颜值,需要特别处理
室内空间品质	窗户可视面的大小、窗框的宽度与分隔、气密膜粘贴的位置等,许多细节都影响室内空间品质
建筑功能要求	考虑房间功能、建筑隔声降噪、建筑疏散宽度、建筑无障碍设计等要求
坚固耐久	超低能耗建筑应在抗裂抗渗、抗老化抗破坏、与建筑寿命相匹配等方面大大优于常规建筑
经济性	超低能耗建筑增量成本相对较高,需要综合成本控制,获得最优性价比的节点技术方案
施工方便可行	考虑施工的先后次序、施工操作简便易行等

(二)超低能耗节点设计的具体图纸

因为精细化施工的要求,超低能耗建筑节点设计,先有 1:25 大墙身节点,然后是 1:10 或 1:5 超低能耗专项节点。关于相应的超低能耗图集,可以引用,但更多时候应具体针对节点情况进行设计。

二、超低能耗节点设计示例

表 7-2 为超低能耗建筑节点设计示例。以下从多个实际的超低/近零能耗建筑咨询项目中,收集一些有代表性的节点设计,体现节点设计的综合考虑。

表 7-2　超低能耗建筑节点设计示例

示例	超低能耗节点设计	节点设计的侧重点	节点设计的综合目标
一	钢结构加气块墙体气密性处理节点	针对钢结构梁柱和加气块墙体的不同部位,各种气密性处理措施	钢结构建筑不同位置,采取不同的气密性构造
二	出屋面入口外门处节点(无障碍出入口和出屋面楼梯间出入口)	具体对无障碍设计、屋顶排水、楼面降板等综合因素的考虑	超低能耗建筑节点和常规建筑设计的基本要求紧密结合
三	新风保温管道穿玻璃幕墙处节点	新风系统有保温风管和玻璃幕墙结合处的气密性、无热桥处理	新风保温管道在穿玻璃幕墙处,能够实现被动式节点
四	玻璃幕墙保温构造节点	不改变玻璃幕墙外观的前提下,解决窗墙比过大的问题	节能构造与玻璃幕墙外观的契合
五	金属幕墙下口处外遮阳百叶节点	不改变建筑的金属外装幕墙造型,遮阳盒和金属幕墙一体化设计	遮阳产品和金属幕墙系统的结合
六	钢结构扣盖立边金属屋面被动式保温防水节点	设置基板体系、保温体系、降噪体系、防潮防水体系、扣盖面板体系	钢结构屋面的保温、防水、通风、降噪的综合系统设计
七	公共建筑上人屋面女儿墙构造节点	考虑女儿墙的近无热桥、防水耐久性等因素	局部节点的近无热桥、经济适宜性设计

(一)钢结构加气块墙体气密性处理节点

钢结构体系因为其本身的结构形式特点,以及和钢筋混凝土、混凝土本身的材料性能差异,气密性处理是超低能耗建筑的重点和难点。结合图 7-1、图 7-2 两个节点大样图,对钢结构+加气块墙体的主要气密性处理措施,做如下总结。

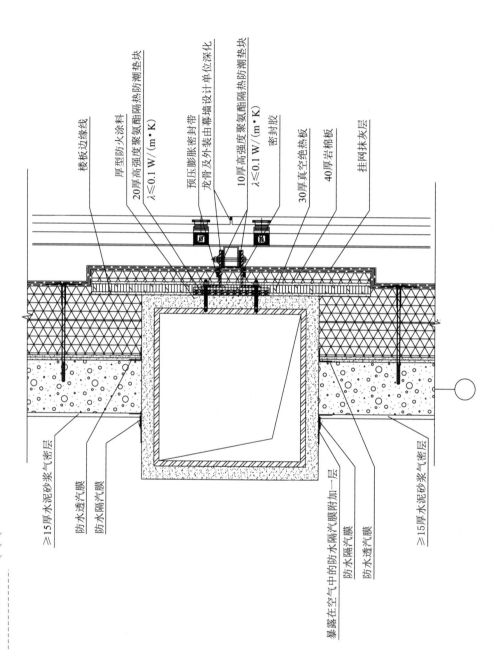

图 7-1 钢结构加气块墙体气密性处理节点（一）

（图片来源：五方建科）

楼板边缘线
厚型防火涂料
20厚高强度聚氨酯隔热防潮垫块 λ≤0.1 W/(m·K)
预压膨胀密封带
龙骨及外表由幕墙设计单位深化
10厚高强度聚氨酯隔热防潮垫块 λ≤0.1 W/(m·K)
密封胶
30厚真空绝热板
40厚岩棉板
挂网抹灰层

≥15厚水泥砂浆气密层
防水透汽膜
防水隔汽膜

暴露在空气中的防水隔汽膜附加一层
防水隔汽膜
防水透汽膜
≥15厚水泥砂浆气密层

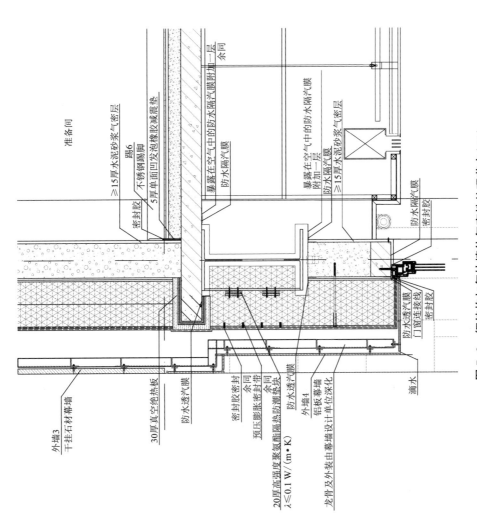

图 7-2　钢结构加气块墙体气密性处理节点（二）
（图片来源：五方建科）

外墙3
干挂石材幕墙

30厚真空绝热板

防水透汽膜

密封胶密封
余同

预压膨胀防潮热封带

20厚高温度聚氨酯隔热包覆块
λ≤0.1 W/(m·K)

外墙4
铝板幕墙

龙骨及外装由幕墙设计单位深化

防水透汽膜
门窗连接胶

滴水

准备同

≥15厚水泥砂浆气密层

踢6

不锈钢踢脚

5厚单面凹发泡橡胶减震垫

密封胶

暴露在空气中的防水隔汽膜附加一层
余同

防水隔汽膜

暴露在空气中的防水隔汽膜
附加一层

防水隔汽膜

≥15厚水泥砂浆气密层

防水隔汽膜

密封胶

第二篇

被动式技术

85

1.构造做法

构造做法见表7-3。

表7-3 构造做法

构造所处部位	构造做法
加气块墙体砌筑	外墙、分隔被动区域与非被动区域之间的隔墙的砌筑部分砌筑时,应保证墙面平整,灰缝横平竖直砂浆饱满,以保证气密性
钢筋混凝土或加气块墙体上的孔洞	清孔后先在一端采用膨胀水泥密封,再用聚氨酯发泡填充,再在另一端采用膨胀水泥封堵密实,并在室外侧刷水泥基防水涂料处理
加气块墙体气密性抹灰	应在外墙内侧(或内外两侧)进行连续不间断的气密层抹灰,并延续到结构楼板处,抹灰时应采取铺设耐碱网格布等措施,避免出现空鼓、裂缝
钢筋混凝土构造柱、过梁和加气块填充墙之间	采用钢丝网等防开裂的加强措施,避免出现裂缝
各种因材料本身热工性能差异大或因各种外力形变较大的位置: (1)钢结构柱与外墙砌体结构结合处的内外两侧; (2)钢结构梁与钢筋混凝土楼板、与混凝土加气块墙体结合处的内外两侧; (3)管道穿墙、穿屋顶洞口的内外两侧; (4)钢结构本身连接位置的孔洞处内外两侧; (5)门窗幕墙周边和洞口的缝隙处理	在缝隙或孔洞中填塞岩棉或聚氨酯发泡胶等封堵保温材料,在洞口内外两侧分别粘贴防水隔汽膜和防水透汽膜

2.特点分析

（1）各种因材料本身热工性能差异大或因各种外力形变较大的位置,比如钢结构和加气块墙体交接的位置,或者门窗幕墙和洞口之间,采用内外侧气密膜粘贴,一方面保证孔、缝位置的气密性和防水效果;另一方面保证形变较大时,因为气密膜本身的延展性,不致被拉裂,从而在建筑寿命内保证气密性。

（2）相对热工性能差异较小或因各种外力形变较小的位置,采用挂网抹灰防开裂的方式,保证气密性。

（二）出屋面入口外门处节点（无障碍出入口和出屋面楼梯间出入口）

出屋面入口外门处节点见图7-3、图7-4及表7-4。

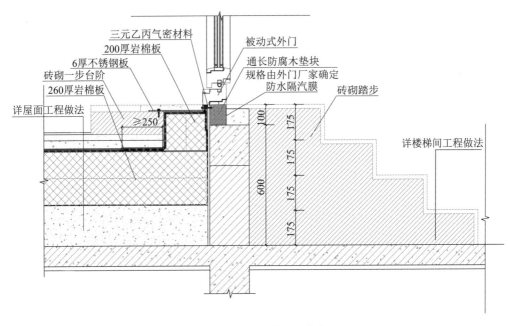

三元乙丙气密材料
200厚岩棉板
6厚不锈钢板
砖砌一步台阶
260厚岩棉板
详屋面工程做法
被动式外门
通长防腐木垫块
规格由外门厂家确定
防水隔汽膜
砖砌踏步
详楼梯间工程做法
≥250
100
175
600
175
175
175

图 7-3　出屋面入口外门处节点(一)

(图片来源:五方建科)

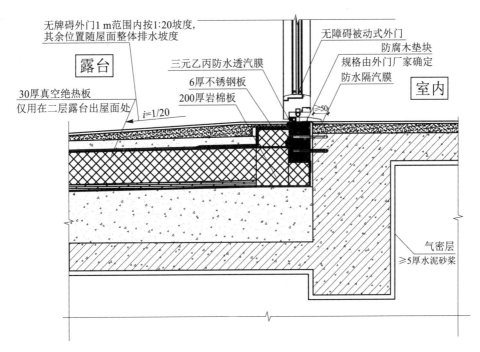

无障碍外门1 m范围内按1:20坡度,
其余位置随屋面整体排水坡度
露台
三元乙丙防水透汽膜
6厚不锈钢板
200厚岩棉板
30厚真空绝热板
仅用在二层露台出屋面处
i=1/20
无障碍被动式外门
防腐木垫块
规格由外门厂家确定
防水隔汽膜
室内
≥50
气密层
≥5厚水泥砂浆

图 7-4　出屋面入口外门处节点(二)

(图片来源:五方建科)

表 7-4　有台阶外门和无障碍外门构造做法

项目	有台阶外门	无障碍外门
使用部位	出屋面楼梯间、机房等外门处	露台等无障碍外门处
构造做法	(1)屋面整体不做降板,楼梯间和室外屋面板整体处于同一标高。 (2)根据各部分构造层次、排水坡度、保温厚度、入口外一步台阶等因素,确定入口标高。 (3)被动式外门采用内嵌外平齐安装方式。 (4)入口位置考虑热工的断热桥和气密性处理,室外侧用不锈钢板保护保温上部。 (5)室内侧设置4~5步台阶	(1)露台屋面整体做降板,根据各部分构造层次、整体屋面排水坡度、保温厚度、入口外无障碍缓坡等因素,确定露台屋面和室内楼板的高差,即降板高度。 (2)因为室内地面构造层次厚度有限,考虑外门处断热桥的热工性能,采用外挂式安装方式。 (3)为防止外挂门长期使用下坠,防腐木垫块垫到基层。 (4)入口位置考虑热工的断热桥和气密性处理,室外侧用不锈钢板保护保温上部
特点分析	(1)对于汇水面积较大又没有无障碍要求的出屋面外门特别合适。 (2)对于下部空间不会降低净高	(1)露台无障碍入口特别适合高品质老年人医养用房,高品质住宅楼盘等。 (2)露台下部空间需要降低空间净高。 (3)露台排水需要合理组织,避免大雨回灌入室内

(三)新风保温管道穿玻璃幕墙处节点

新风保温管道穿玻璃幕墙处节点见图 7-5、图 7-6。

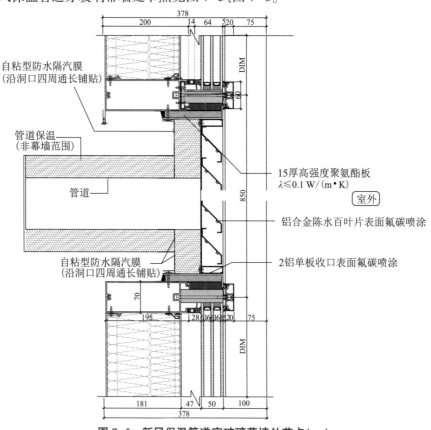

图 7-5　新风保温管道穿玻璃幕墙处节点(一)

(图片来源:青岛宏海绿能有限公司)

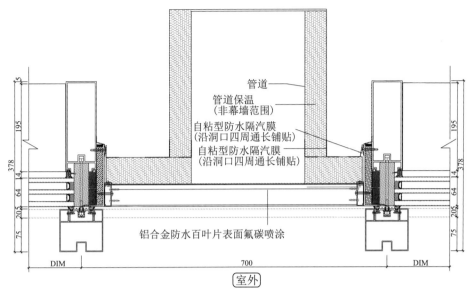

管道

管道保温
(非幕墙范围)

自粘型防水隔汽膜
(沿洞口四周通长铺贴)

自粘型防水隔汽膜
(沿洞口四周通长铺贴)

铝合金防水百叶片表面氟碳喷涂

室外

图 7-6 新风保温管道穿玻璃幕墙处节点(二)

(图片来源:青岛宏海绿能有限公司)

1.使用部位

本做法适用于超低能耗建筑的通风管道,兼顾立面效果外围护、结构保温及气密性处理。

2.构造做法

普通建筑的管道口密封性不好,室外风力较大时可能向室内灌风,导致室内气流波动,长此以往,泄漏点在冬季会出现持续冷凝并因此发霉,管道侧壁无保温,热量流失严重。本做法在管道与影子盒接触的缝隙用防水隔汽膜隔绝渗入室内的水汽;横梁和立柱的侧面为避免产生热桥,在接触面用隔热垫块阻断传入铝材的热流。管道采用保温材料包覆,可以避免产生冷热桥,阻挡室内热量的散失,从而达到超低能耗建筑的要求。

3.特点分析

(1)管道侧壁至外侧贴隔汽膜阻挡渗入的水汽,与室内的隔汽膜组成两道密封。

(2)在百叶框的四周有用于隔热的聚氨酯垫块,垫块的导热系数仅有 0.1 W/(m・K),将原本大面积接触的线性热桥转化为螺钉连接的点状热桥。

(3)做法注重细节处理,对膜的用量较大,对成本有一定增加。

(四)玻璃幕墙保温构造节点

玻璃幕墙保温构造节点见图 7-7,图 7-8~图 7-10 为其施工过程。

1.使用部位

外立面是玻璃幕墙,不会影响建筑原有立面效果,在一些非主要使用功能房间使用,目的是在提升外立面效果的情况下,控制项目窗墙比以及提升围护结构热工性能。

2.构造做法

在玻璃幕墙室内侧距离内侧玻璃 50 mm 处,布置 2 mm 厚深色金属板,金属板后侧布置 150 mm 厚的 A 级保温板,室内侧做金属板或装饰石膏板进行密封处理。在玻璃幕墙周边和主体结构相连接处使用气密性材料粘贴接缝。

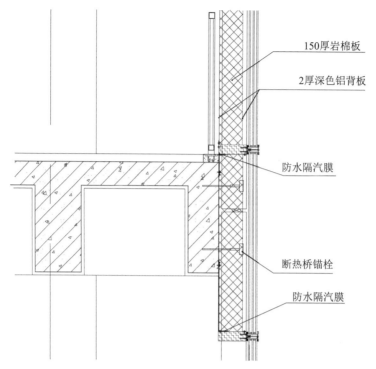

150厚岩棉板

2厚深色铝背板

防水隔汽膜

断热桥锚栓

防水隔汽膜

图 7-7　玻璃幕墙保温构造节点
（图片来源:五方建科）

图 7-8　幕墙内施工过程(一)
（图片来源:五方建科）

图 7-9　幕墙内施工过程(二)　　　　图 7-10 幕墙内施工过程(三)

(图片来源:五方建科)　　　　　　(图片来源:五方建科)

3.特点分析

(1)玻璃幕墙后方放置深色金属板,在室外侧不会透过玻璃幕墙直接看到保温层,保证了立面效果。

(2)金属板与玻璃幕墙之间留出 50 mm 的空腔,在夏季天气炎热时,热量可以通过这50 mm 的空腔进行缓冲,并在空腔下部开有泄气孔,降低玻璃炸裂风险。

(3)保温板起到保温隔热的作用,不会使夏季大量热量直接传递到室内,大大降低了室内制冷能耗。

(4)保温板内侧再布置一块 2 mm 厚金属板或装饰石膏板,可以保护保温板的同时不影响室内装修。

(5)因目前工艺受限,布置非透明保温玻璃幕墙部位与其他玻璃幕墙部位使用的是同种传热系数的幕墙体系,对造价有一定影响。

综上所述,在建筑无法改变建筑整体玻璃幕墙体系时,为保证外立面效果的同时降低能耗,玻璃幕墙保温构造是性价比较高的做法。

(五)金属幕墙下口处外遮阳百叶节点

金属幕墙下口处外遮阳百叶节点见图 7-11,图 7-12 为实物照片。

1.使用部位

层间幕墙处,可保证外遮阳在关闭时隐藏于层间幕墙处,保证原有立面效果完美呈现。

2.构造做法

竖龙骨通过不锈钢角码固定在基层墙体上,铝板通过横龙骨与竖龙骨相连,不锈钢角码与基层墙连接处通过隔热垫块连接,减少室内热量传导,将线状热桥转换为点状热桥。基层墙体与保温板之间粘锚结合,通过抹面胶浆进行粘贴的同时辅以断热桥锚栓进行锚固。保温板内侧有金属板固定。不锈钢角码穿过保温板处位置用膨胀预压密封带固定,外侧通过密封胶密封,避免雨水渗入。百叶帘罩盒固定在横龙骨下方,百叶帘叶片在收起时置于百叶帘罩盒内部,工作时通过百叶帘侧轨固定。

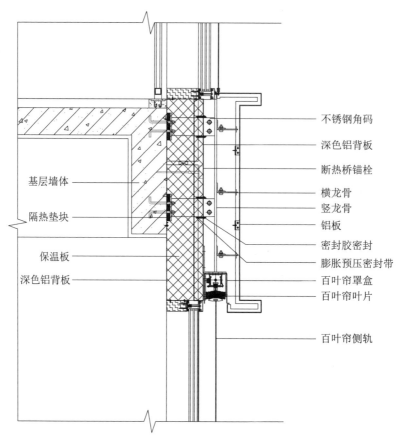

基层墙体

隔热垫块

保温板

深色铝背板

不锈钢角码

深色铝背板

断热桥锚栓

横龙骨

竖龙骨

铝板

密封胶密封

膨胀预压密封带

百叶帘罩盒

百叶帘叶片

百叶帘侧轨

图7-11　金属幕墙下口处外遮阳百叶节点

(图片来源:五方建科)

图7-12　金属幕墙下口处外遮阳百叶照片

(图片来源:五方建科)

3.特点分析

(1)百叶帘罩盒可完美完全隐藏于铝板后侧,更好地呈现出原有立面设计效果。

(2)在外侧铝板的保护下,外遮阳寿命可得到进一步提高,可节省后期建筑运行维护费用,提高整体经济性。

(3)外遮阳相对于中置遮阳及内遮阳效果更佳,可有效减少传统以化石能源为基础的能源消耗,助力国内早日实现碳中和。

综上所述,本构造做法可以在保证立面效果完美呈现的同时降低夏季太阳光得热,减少眩光,降低整体室内能耗。

(六)钢结构扣盖立边金属屋面被动式保温防水节点

钢结构扣盖立边金属屋面被动式保温防水节点见图7-13。

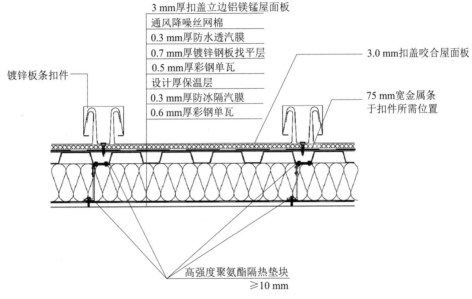

3 mm厚扣盖立边铝镁锰屋面板
通风降噪丝网棉
0.3 mm厚防水透汽膜
0.7 mm厚镀锌钢板找平层
0.5 mm厚彩钢单瓦
设计厚保温层
0.3 mm厚防冰隔汽膜
0.6 mm厚彩钢单瓦

镀锌板条扣件

3.0 mm扣盖咬合屋面板

75 mm宽金属条
于扣件所需位置

高强度聚氨酯隔热垫块
≥10 mm

图7-13 钢结构扣盖立边金属屋面被动式保温防水节点
(图片来源:五方建科)

1.使用部位

此系统使用范围广泛,适用于有高性能要求的各类公共建筑、居住建筑及工业类建筑的钢结构屋面。

2.构造做法

屋面采用扣盖立边屋面系统,为分层式基板体系、保温体系、降噪体系、防潮防水体系、扣盖面板体系。

材料分层为:

(1)0.6 mm厚彩钢单瓦;

(2)0.3 mm厚无纺布防水隔汽层;

(3)保温层;

（4）0.5 mm 厚彩钢单瓦；

（5）0.7 mm 厚镀锌钢板找平层；

（6）0.3 mm 厚无纺布防水透汽膜；

（7）通风降噪丝网棉；

（8）3 mm 厚扣盖立边铝镁锰屋面板。

3.特点分析

此种被动式屋面系统，外观美观，可适应多种建筑风格。通过被动式技术，降低钢结构屋面连接处热桥，避免结露风险，有效降低建筑运维能耗。采用扣盖咬合构造，防水效果佳，并在结构防水的基础上，在保温层内外增加防水隔汽膜、防水透汽膜，更好地保护保温层不受水汽侵害，使保温能够充分发挥作用。考虑铺设通风降噪丝网棉，其为伸缩和通风层，便于渗入极微量的雨水蒸发，并极大地降低降雨敲击在金属层上的噪声。

（七）公共建筑上人屋面女儿墙构造节点

公共建筑上人屋面女儿墙构造节点见图 7-14。

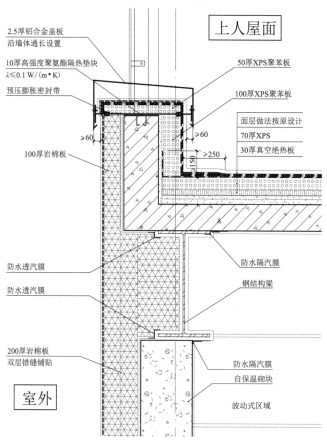

图 7-14　公共建筑上人屋面女儿墙构造节点

（图片来源：五方建科）

1.使用部位

室外地面距离女儿墙顶高度不超过 24 m 的多层公共建筑。

2.构造做法

(1)女儿墙顶部采用 2.5 mm 厚铝合金盖板,并设置 50 mm×50 mm 扁钢盖板支架,间距不大于 600 mm,且支架与钢筋混凝土墙间设置隔热垫块,锚固连接。

(2)保温板覆盖女儿墙横截面,50 mm 厚石墨聚苯板满粘与墙体内外侧平齐,外墙保温延伸至女儿墙结构顶,内侧保温用屋面保温板上延即可。内侧为100 mm厚石墨聚苯板。

(3)防水卷材应覆盖整体女儿墙至顶部外翻 50 mm(无防护栏杆女儿墙防水应高于屋面完成面不小于 250 mm),隔汽层高于建筑完成面 150 mm。

(4)防护栏杆预埋件应先于保温、防水材料施工,并增加 10 mm 厚高强度聚氨酯隔热垫块。

3.特点分析

(1)女儿墙作为建筑热桥的三维传热构件,此节点最大程度地阻止室内外热量的大量传递,防止室内因局部温度变化导致发霉甚至结露的产生。

(2)有利于控制建筑高度,且使得女儿墙设计不至于太过臃肿,合理控制其材料应用,使整体的建筑设计高度达到可控。

(3)女儿墙盖板的设计有利于提高墙体檐口使用的耐久性,最大限度地减少因温度变化、雨水冲刷、横向风压等带来的负面影响。

(4)提高建筑顶部空间的灵活性,增加上人屋顶的功能布局的可使用空间,为建筑本身的品质提升一个档次。

4.热流模拟

见彩图 13。从图中可以看出,室内最不利点的温度为 $\theta_{si,min} = 17.91$ ℃,(温度系数/温度因子)$f_{Rsi} = 0.930$,温度系数越接近 1,越能说明此处温度与室内温度接近且越有利,温度系数 f_{Rsi} 在最不利的点满足最低要求 $f_{Rsi} \geq 0.7$ 时,一般可以认为室内面无霉菌和冷凝的风险。计算公式如下:

$$f_{Rsi} = (T_{min} - T_e)/(T_i - T_e) \qquad (7-1)$$

式中　T_{min}——热桥处的内表面温度;

　　T_i——室内温度;

　　T_e——外部温度。

所以说 T_{min} 越大,f_{Rsi} 越接近 1;$f_{Rsi} = 1$ 表明热桥处的内表面温度与室内其他部分完全相同,这是理想的结果,而在物理上是不可能得到的;$f_{Rsi} = 0$,热桥处的温度与外部温度相同,在舒适度方面的结果很糟糕,这个结果在物理上也是不可能的。f_{Rsi} 越大越好。越大代表外围护结构内表面和室内气温温差越小,温度越均匀,舒适度更高。f_{Rsi} 对舒适度是直接评价,对热桥计算是间接评价。

三、总结

超低能耗建筑节点设计,需要综合建筑专业的方案设计、施工图设计,以及超低能耗咨询优化的各方面因素,实现对建筑近无热桥、气密性、材料特性、建筑外观结合、室内空间品质、坚固耐久、经济性、施工方便可行等多方面的综合提升优化。

　　超低能耗建筑节点设计强调适宜性设计。近无热桥设计不是完全无热桥,而是在保证室内相应位置不结露发霉的情况下,综合热桥对整体能耗的影响、成本控制和施工方便可行,实现综合性价比最优。气密性设计需要考虑不同位置采取区别对待的气密性措施,来达到建筑整体的气密性要求。本书节点热工和气密性研究的专篇,分别为节点的无热桥设计对建筑能耗的影响,气密性对能耗的影响以及气密性在中国不同气候区的处理,均有相应的详细分析。

第三篇

主动式技术

一、热泵技术

热泵技术是以逆循环的方式迫使热量从低温物体向高温物体转移,从而实现低品位热能与高品位热能的转换。在这个过程中往往需要消耗一定的电能,它从自然界中的土壤、水、空气等可再生资源中获取能量,并转化为高品位能源能量,通过热量转移的方式实现供热、制冷,且不容易产生污染。

在绿色低碳的大背景下,同样的电能消耗,热泵技术往往能够获得更多的热量或冷量,因此建筑应该积极采用热泵技术为建筑提供冷热源,热泵技术也成为一项重要的建筑节能技术。热泵依据取热来源的不同,分为地源热泵、水源热泵及空气源热泵三类,其中水源热泵技术往往对于使用场景有较高要求,例如在一些污水处理厂的办公区,可以采用污水处理后具有稳定水温的处理水为水源热泵提供冷热源。对于绝大多数建筑而言,空气源热泵与地源热泵则更具有普适性。

空气源热泵吸取空气中的免费能量利用热泵原理转换成热水,解决了传统锅炉加热过程中能耗高的问题,并且热泵机组直接换热,去除了中间环节,既提升了工作效率又降低了系统运行费用,具有良好的经济效益和社会效益。

空气源热泵在温和地区、夏热冬暖地区以及夏热冬冷地区都有较高的能效比,但是如果在寒冷及严寒地区利用地源热泵作为冷热源,就需要特别考虑冬季空气源热泵的低温衰减问题。目前市场主流的空气源热泵产品,当室外温度低于-10 ℃时,随着室外温度的下降,主机性能系数迅速衰减,此时应考虑采用其他形式的热源为建筑供热。图 8-1 为空气源热泵机组主机性能系数变化。

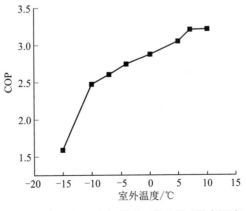

图 8-1 空气源热泵机组主机性能系数变化(供水温度 45 ℃)

二、地源热泵技术

地热泛指存在于地下水、土壤的地下浅层自然资源中的能量,利用热泵技术对地热进行转换与利用,可较为便利地为地上建筑物供热与制冷。地源热泵系统又可被分为地下水地源热泵系统、地表水地源热泵系统、地埋管地源热泵系统,因为可能存在的取水回灌问题,近年来直接取用地下水再回灌至地下同一含水层的取水回灌式地源热泵系统发展相对缓慢,而土壤源热泵系统(图8-2)发展极为迅猛。土壤源热泵是以土壤为低位热源的热泵,在U形地埋管内循环的闭式循环水并不直接和土壤接触,全年温度波动较小,并且随着土壤深度的增加,土壤温度变化较为稳定,季节平均性能系数高。

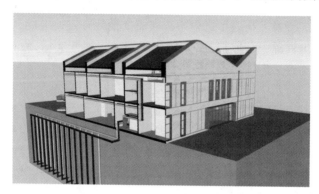

图8-2 土壤源热泵系统示意图

为了保证系统稳定高效的运行,所有地源热泵系统都需要保证冬季取热量与夏季储热量的平衡,正因为如此,地源热泵系统在传统节能建筑中,主要是运用在夏热冬冷与寒冷地区。

(一)地源热泵在传统节能建筑暖通空调中的应用

地源热泵技术在夏季可为建筑提供冷源,冬季提供热源,在取热量和放热量平衡的前提下,不需要再另外设置系统为建筑提供冷热源,依托于我国丰富的地热资源,近年来发展迅速。但在现行的节能标准之下,因为冬夏季的冷热平衡问题,地源热泵技术的应用有着比较严格的地域要求,山东、河北、河南、陕西等冬夏平衡的省份最适宜地源热泵技术的推广应用,从我国气候区划方面分析,寒冷地区地源热泵技术的推广更为迅猛。

相较于空气源热泵受室外环境波动影响,由于地温受室外环境影响很小,所以地源热泵系统供能运行更加稳定,系统整体性能系数也较高,在可行的技术方案以及良好的运维管理的情况下,地源热泵系统制热性能系数可以达到3.20,系统制冷性能系数则能达到4.40以上。国家空调设备质量监督检验中心近年对国内部分可再生能源示范项目(地源热泵)的检测结果显示,地源热泵系统冬季性能系数为2.50,调查的大部分项目在2~3之间;夏季性能系数为3.20,大部分项目能够在2.70以上。

(二)地源热泵冷热平衡问题

对于夏热冬冷地区,建筑夏季累计冷负荷更大,考虑设备冷却散热等因素后,夏季向地下储热量大于冬季取热量。采用地源热泵系统为建筑提供冷热源的时候,为了维持热平衡,需要考虑其他辅助散热手段,例如设置冷却塔。如果在我国稍高纬度的寒冷地区或者严寒地区,建筑需要的冬季累计热负荷增加,夏季累计冷负荷减少,利用地源热泵为建筑提供冷热源会出现冬季从地下取热量大于夏季,为了维持地源侧的热平衡,需要考虑其他辅助热源为建筑提供热量。

根据《地源热泵系统工程技术规范(2009年版)》(GB 50366—2005)及《建筑节能与可再生能源利用通用规范》(GB 55015—2021)要求,地源热泵系统方案设计前,应进行工程场地状况调查,并应对浅层或中深层地热能资源进行勘察,论证地源热泵系统实施的可行性与经济性。当浅层地埋管地源热泵系统的应用建筑面积大于或等于 5000 m² 时,应进行现场岩土热响应试验;浅层地埋管换热系统设计应进行所负担建筑物全年动态负荷及吸、排热量计算,最小计算周期不应小于 1 年。

为了保证土壤源热泵系统夏季放热量和冬季取热量平衡,保证系统稳定高效运行,在设置地埋管的区域内除工作孔外,还应设置监测孔,监测孔尽量均匀分布,间距不宜大于 50 m,且地埋管区域中心、角部、边缘部位和区域外 5 m 内应设置监测孔,监测孔孔深宜大于设计孔深 5~10 m。对于建设规模较大的建筑,运行中需要对地下温度场的变化等进行监测,后期运行中应设有运行参数监控系统。

在实际采用地源热泵的工程项目建设中,地源热泵地埋管系统的设计一般围绕以下几个过程展开:

(1)按《地源热泵系统工程技术规范(2009年版)》(GB 50366—2005)附录 C 等要求进行岩土热响应试验,通过反算法得到岩土综合热物性参数;

(2)根据系统设计负荷及岩土热物性参数进行地埋管换热器设计计算,得到钻孔长度、地埋管参数等,进而制定地埋管方案;

(3)根据项目全年逐时动态负荷及地埋管设计方案,利用专业软件进行地源热泵系统模拟计算,校核地埋管换热器进出口水温及进行热平衡计算、系统运行性能分析等,指导优化地埋管设计方案。

在建筑设计阶段通过模拟计算发现地源热泵可能出现冷热不均时,系统设计就需要综合考虑其他辅助冷热平衡的措施,需要对系统的稳定性以及经济性综合分析,选择不同形式的补充能源系统。

三、超低能耗建筑的外围护结构对空调冷热比的影响

(一)超低能耗技术改变了建筑冷热比

超低能耗建筑的外围护结构主要技术手段有:高标准外墙保温隔热系统、高性能门窗、良好的气密性以及近无热桥设计。根据建筑空调负荷的构成,考虑建筑设备热扰、外围护结构传热及室外空气侵入等因素后,建筑冬夏季空调负荷构成具有不同的特点,如室内热扰在夏季会增加空调制冷负荷,但是冬季则会作为室内热源参与建筑空调负荷构成,并且夏季室外温度和室内设计温度的差值一般小于冬季室内设计温度和室外温度的差值。由于上述原因,外围护结构保温隔热性能在进行明显提升之后,冬季累计热负荷降低的幅度将大于夏季累计冷负荷降低的幅度。对于办公类的建筑来讲,通常室内人员较多,办公设备也较多,人员和设备使用较为集中。建筑外围护结构较高的热阻和气密

性会使得夏季人员等室内热扰产生的余热无法及时排除,这就造成了夏季制冷负荷比标准建筑可能还要高。综上所述,超低能耗建筑中运用地源热泵系统与传统节能建筑也有着许多不同之处。

(二)案例分析

下面以软件(DeST 2.0)模拟计算的方式对比分析位于郑州市(寒冷地区)的传统节能建筑和超低能耗建筑累计冷热负荷的不同,建筑模型以郑州市五方科技馆 A 馆为例。

1. 建筑模型

郑州市五方科技馆 A 馆建筑面积 1 562 m^2,所采用的主要技术措施如表 8-1 所示。从表中可以看出,五方科技馆 A 馆建设的过程中在外保温、门窗性能以及气密性等方面都进行了相应优化。在设备优化方面,该建筑空调系统采用土壤源热泵提供冷热源,空调末端采用风机盘管,设集中式全热回收新风系统。

表 8-1 设计建筑技术措施

项目	参数
朝向	南北
体型系数(A/V)	0.3
墙面保温	150 mm 石墨聚苯板
屋面保温	150 mm XPS
基础保温	150 mm XPS(室外地下 1 m)
外窗	铝包木框料+三玻两腔中空
天窗	玻璃纤维框架+三玻两腔中空
外窗遮阳	自动外遮阳
空调系统	风机盘管+全热回收新风系统
冷热源	土壤源热泵

《近零能耗建筑技术标准》(GB/T 51350—2019)中要求建立基准建筑与设计建筑模型,利用 DeST 2.0 能耗模拟软件分别计算常规节能标准要求下的基准建筑和按照超低能耗标准建设的设计建筑累计冷热负荷的数值。参照表 8-2 中相应数值对建筑外围护结构进行设置,按照表 8-3 对相应建筑模型的室内参数进行设定。

表 8-2 围护结构部位参照建筑与设计建筑对比

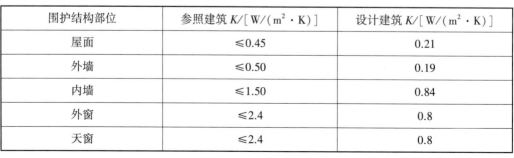

围护结构部位	参照建筑 $K/[W/(m^2 \cdot K)]$	设计建筑 $K/[W/(m^2 \cdot K)]$
屋面	≤0.45	0.21
外墙	≤0.50	0.19
内墙	≤1.50	0.84
外窗	≤2.4	0.8
天窗	≤2.4	0.8

表 8-3　主要功能房间室内参数设定

功能房间	温度上/下限/℃		湿度上/下限/%	照明功率密度/（W/m²）		电器设备功率/（W/m²）	新风量/[m³/(h·p)]
	夏季	冬季		基准建筑	设计建筑		
办公室/会议室	26/24	22/20	30/60	8	3.27	13	30
餐厅	26/24	22/20	30/60	9	6.45	0	30
客房	26/24	22/20	30/60	6	2.5	13	30
多功能厅	28/26	22/20	30/60	12	6.47	5	15
休息厅/走廊	28/26	20/18	30/60	4	2.36	0	10

2. 累计冷热负荷分析

利用 DeST 2.0 能耗模拟软件建立建筑模型后,对建筑模型进行负荷分析计算,分别模拟计算出基准建筑模型和设计建筑模型的累计供暖负荷和累计制冷负荷,将计算结果以单位面积累计负荷的形式表示,计算结果如表 8-4 中所示。

根据表 8-4 中模拟计算结果,对建筑累计供暖负荷和累计制冷负荷进行分析。结果表明设计建筑由于外围护结构优化使累计热负荷比基准建筑模型减少了 33.45%,但同时不利于室内热扰积聚的热量在室外温度适宜时散出,设计建筑夏季累计制冷负荷反而比基准建筑增加 9.08%,基准建筑单位面积累计制冷/制热需求的比例为 18.49/22.04 = 0.84,设计建筑该值则变化为 20.17/14.67 = 1.37。因为建筑累计制冷/制热负荷的不同步变化,地源热泵系统的平衡特性也会有变化。

表 8-4　建筑模型累计冷热负荷计算结果

	冬季累计热负荷/（kW·h/m²）	夏季累计冷负荷/（kW·h/m²）
基准建筑	22.04	18.49
设计建筑	14.67	20.17

利用 DeST 2.0 更进一步对建筑能耗进行分析,基准建筑分项能耗中较高的三项为供暖能耗、制冷能耗及照明能耗,依次占比 49.44%、23.48%、21.87%,设计建筑分项能耗中较高的三项分别为制冷能耗、供暖能耗及照明能耗,依次占比 36.46%、30.04%、18.57%。对建筑单项能耗值进行分析,其中供暖能耗相对节能率最大为 64.36%,供暖能耗的节能是设计建筑累计热负荷减少、排风热回收及空调系统优化共同作用的结果,对建筑负荷进行计算表明,由于良好的气密性及外围护结构,累计热负荷减少 33.45%,这两者之间差值,体现了地源热泵系统相较常规的燃煤锅炉+散热片本身就具有良好的节能性。基准建筑与设计建筑模型累计供暖/制冷负荷对比见图 8-3。

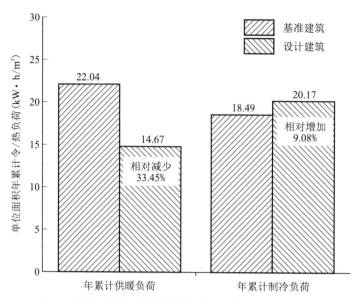

图 8-3 基准建筑与设计建筑模型累计供暖/制冷负荷对比

(三) 地源热泵系统冷热平衡分析

根据《地源热泵系统工程技术规范 (2009 年版)》(GB 50366—2005),地源热泵系统最大释热量与建筑的设计冷负荷相对应。释热量包括:各空调分区内地源热泵机组释放到循环水中的热量(包括空调负荷和机组压缩机功耗)、循环水在输送过程中得到的热量以及水泵释放到循环水中的热量。将上述三项热量相加就可得到供冷工况下释放到循环水中的总热量。即

$$最大释热量 = \sum [空调分区冷负荷 \times (1 + 1/EER)] + \sum 输送过程得热量 + \\ \sum 水泵释放热量$$

同样地源热泵系统最大吸热量与建筑设计热负荷也相对应。吸热量包括:各空调分区内热泵机组从循环水中的吸热量(空调热负荷,并扣除机组压缩机功耗)、循环水在输送过程失去的热量并扣除水泵释放到循环水中的热量。将上述前二项热量相加之后扣除第三项就可得到供热工况下循环水的总吸热量,即

$$最大吸热量 = \sum [空调分区热负荷 \times (1 - 1/COP)] + \sum 输送过程失热量 - \\ \sum 水泵释放热量$$

在实际工程项目设计中,最大吸热量和最大释热量相差不大的工程,应分别计算供热与供冷工况下地埋管换热器的长度,取其大者,确定地埋管换热器;当两者相差较大时,宜通过技术经济比较,采用辅助散热(增加冷却塔)或辅助供热的方式来解决,一方面经济性较好,同时也可避免因吸热与释热不平衡引起岩土体温度的降低或升高。

根据上节表 8-4 中建筑累计负荷计算结果,采用《地源热泵系统工程技术规范 (2009 年版)》(GB 50366—2005)给出的计算方法进行不平衡度分析。在计算的过程中因为空调系统循环水在输送过程中的得热量和失热量不容易计算准确,并且这部分对系统平衡

的影响不大,在计算过程中可忽略不计。

考虑热泵主机功耗和制冷站房内空调循环水泵的功耗后,考虑地源热泵机房内冷源设备综合效率为5.0,则基准建筑负荷要求地源侧夏季释热量为:

$$18.49 \times (1 + \frac{1}{5}) = 22.19 (kW \cdot h/m^2)$$

考虑热泵主机功耗和制冷站房内空调循环水泵的功耗后,计地源热泵机房内热源设备综合效率为4.5,基准建筑负荷要求地源侧冬季吸热量为:

$$22.04 \times (1 - \frac{1}{4.5}) = 17.14 (kW \cdot h/m^2)$$

计算地源热泵系统不平衡度=夏季释热量/冬季吸热量,根据定义可知当不平衡度为1时表示地源热泵系统夏季释热量和冬季吸热量平衡良好;当不平衡度数值大于1时表示建筑夏季向地方释热量大于冬季从地下吸热量;相反的当不平衡度小于1时,表示建筑夏季向地方释热量小于冬季从地下吸热量,根据定义可知不平衡度与1的差值越大则表示系统越不平衡。

基准建筑模型计算地源热泵系统不平衡度为:

$$22.19 \div 17.14 = 1.29$$

同样的计算方法,在设计建筑模型中,地源侧夏季释热量为:

$$20.17 \times (1 + \frac{1}{5}) = 24.20 (kW \cdot h/m^2)$$

地源侧冬季吸热量为:

$$14.67 \times (1 - \frac{1}{4.5}) = 11.41 (kW \cdot h/m^2)$$

此时地源热泵系统不平衡度为:$24.20 \div 11.41 = 2.12$。以上计算结果如表8-5中所示。

表8-5　地源热泵系统不平衡度计算分析

	冬季累计热负荷/$(kW \cdot h/m^2)$	夏季累计冷负荷/$(kW \cdot h/m^2)$	热源综合效率	冷源综合效率	冬季吸热量/$(kW \cdot h/m^2)$	夏季释热量/$(kW \cdot h/m^2)$	不平衡度
基准建筑	22.04	18.49	4.50	5.00	17.14	22.19	1.29
设计建筑	14.67	20.17	4.50	5.00	11.41	24.20	2.12

分析可知,当超低能耗建筑外围护结构采取外保温、门窗性能以及气密性等优化措施后,建筑累计冷/热负荷表现出不一致的变化,当使用地源热泵系统作为建筑空调系统冷热源时,系统不平衡度从1.29变化为2.12,影响建筑地源热泵系统平衡。在夏季释热量明显大于冬季吸热量的情况下,为了维持地源热泵系统长期稳定、高效运行,需要设辅助冷却塔在夏季将多余热量散除到室外空气中。

四、超低能耗建筑地源热泵技术应用新思路

(一)不同气候区的技术思路

从以上分析可知,外围护结构的改变对于冬季累计热负荷的降低比对夏季热负荷降低更加明显,从地源热泵系统平衡的角度进行分析,这种变化将有利于地源热泵系统在纬度更高的寒冷地区以及部分严寒地区推广使用。

根据所在气候区的不同,分别在南京(夏热冬冷地区)、郑州(寒冷地区)和长春(严寒地区)选取使用功能类似的建筑进行分析(表8-6、图8-4),通过不同地区不同项目的横向对比分析外围护结构优化对于地源热泵系统运用的影响,并结合具体案例给出设计以及运维的新思路。因为不同项目体量大小有差异,分析均采用单位面积指标。

表8-6 不同地区地源热泵系统平衡计算分析

地区		冬季累计热负荷/(kW·h/m²)	夏季累计冷负荷/(kW·h/m²)	热源综合效率	冷源综合效率	冬季吸热量/(kW·h/m²)	夏季释热量/(kW·h/m²)	不平衡度
南京	基准建筑	7.42	24.16	4.50	5.00	5.77	28.99	5.02
	设计建筑	1.40	18.52	4.50	5.00	1.09	22.22	20.41
郑州	基准建筑	22.04	18.49	4.50	5.00	17.14	22.19	1.29
	设计建筑	14.67	20.17	4.50	5.00	11.41	24.20	2.12
长春	基准建筑	39.18	10.42	4.50	5.00	30.47	12.51	0.41
	设计建筑	26.23	11.02	4.50	5.00	20.40	13.22	0.65

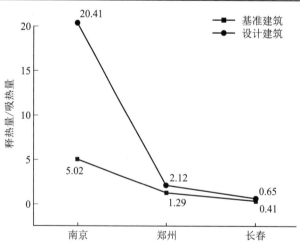

图8-4 不同地区地源热泵系统平衡度数值

如图 8-4 中所示,图中纵坐标数值为不平衡度,该数值与 1 的差别越小说明地源热泵系统自身的平衡性能越好。比较夏季释热量/冬季吸热量数值,可以发现在南京传统节能建筑就表现出夏季耗冷量大于冬季耗热量,考虑主机以及水泵功耗之后,不平衡度为 5.02。如果采用超低能耗建筑标准,冬季耗热量和夏季耗冷量都会减少,冬季耗热量减少的幅度更大,分析表 8-6 中数据,冬季累计耗热量减少 81.13%,夏季累计耗冷量减少 23.34%。因此,要加大夏季冷却塔辅助散热系统的选型,考虑系统设置尽量选择闭式冷却塔,使冷却水系统可以在地源热泵系统和冷却塔组之间切换,冬季运行时则应用尽用,以增加冬季从地下取得的热量。综合考虑一次投资和运行成本考虑系统的经济性,对比不同的冷热源方案,空气源热泵系统也是比较好的选择。

郑州(寒冷地区)分析如上文所示,对于外围护结构的优化会加剧该地区地源热泵系统冬季吸热量小于夏季释热量,为了维持系统平衡,需要附设冷却塔。

从表 8-6 中可以看到,超低能耗建筑外围优化所带来的建筑负荷变化特点对于长春地区的地源热泵系统推广有着重要的意义。对比研究中针对长春地区建筑模型参数设置如表 8-7 中所示,综合分析表 8-6 和表 8-7 可以看出,经过对外围护结构的适当改造后,建筑冬季累计热负荷比普通节能标准减少 33.05%,与此同时夏季建筑累计冷负荷需求反而增加 5.68%。而对该建筑的负荷特性进行分析发现,在长春地区,传统节能建筑冬季吸热量大于夏季释热量,此时不平衡度为 0.41,当对建筑外围护结构进行优化后,建筑负荷不平衡度变为 0.65,加上设置辅助空气源热泵等其他补热措施,就可以在严寒地区使用地源热泵系统。

表 8-7 长春地区研究建筑模型参数对比

	65%节能标准建筑 $K/[W/(m^2 \cdot K)]$	设计建筑 $K/[W/(m^2 \cdot K)]$
窗墙比	0.45	
屋面	≤0.35	0.21
外墙(包含非透光幕墙)	≤0.43	0.15
外窗	≤1.5	1.0

需要注意的是,空气源热泵在严寒地区作为冬季热源使用,受制于低温衰减问题,甚至当室外气温过低时空气源热泵将无法启动,所以一般只能用作冬季刚开始时候以及即将结束时候的辅助补热措施,严寒地区在典型设计日一般室外温度都低于-10 ℃,空气源热泵效率很低,甚至不能启动,不能依靠空气源热泵系统进行补热。

严寒地区除了天气寒冷之外,风电资源丰富,可以考虑采用绿色电力为电锅炉供暖技术提供电源,再搭配蓄能系统等,便可以较好地解决在严寒地区地源热泵系统的平衡问题。这种方案不仅解决了地源热泵系统的平衡问题,而且不直接消耗化石能源,也使建筑摆脱了对于市政供暖系统的依赖,提高了建筑可再生能源利用率,具有良好的推广价值。

(二)以地源热泵为主的联合供能方式

根据上文中的分析可知,如果要在我国的严寒地区推广地源热泵应用技术,需要解决好冬季辅助供热问题。考虑严寒地区往往具有丰富的风电资源,再搭配空气源热泵系统,可以形成一种以地源热泵为主的联合供能方式。

在这种联合供能模式下,总的能量平衡原则是分别满足冬夏季冷热需求的前提下地缘侧夏季放热量与冬季取热量之间平衡,夏季用土壤源侧作为空调系统唯一冷源,配合水蓄冷系统为建筑供能。因为从上文分析可以看出,在严寒地区只采用土壤源热泵系统供能的情况下,土壤源侧冬季取热量远大于夏季放热量,地源热泵系统无法平衡,所以冬季设置电锅炉蓄热与空气源热泵系统对空调系统进行补热。

在设计之初就需要对建筑负荷进行全年逐时负荷分析,制定如图 8-5 和图 8-6 中所示的运行策略,计算系统中地源热泵系统供能,以保证地源热泵系统吸热和放热平衡,才能使供能系统长期稳定运行。

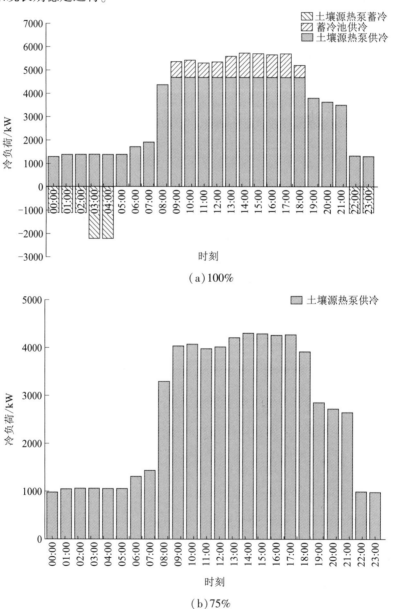

（a）100%

（b）75%

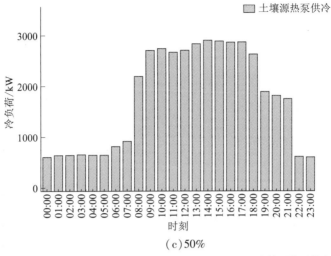

（c）50%

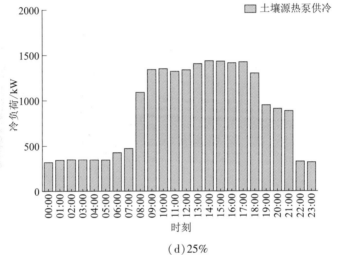

（d）25%

图 8-5　夏季典型设计日冷负荷平衡策略

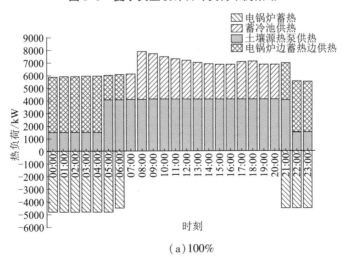

（a）100%

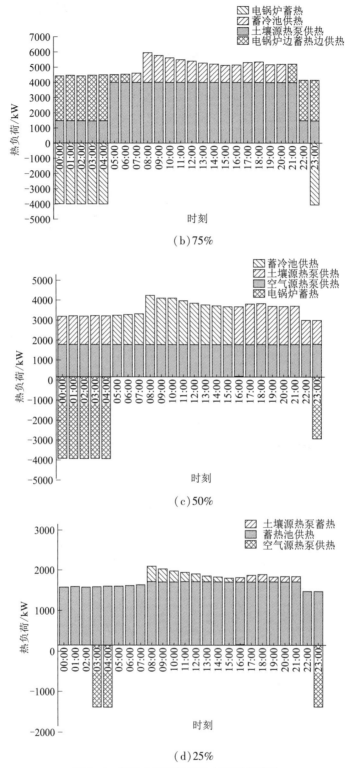

（b）75%

（c）50%

（d）25%

图8-6　冬季典型设计日冷负荷平衡策略

地源热泵系统在夏季还需要考虑削峰填谷以减少地埋管打井数量,降低系统初期投资。蓄能系统容量根据冬季工况设定,蓄能水池冬夏共用,需要特别注意的是消防水池可用作夏季冷水蓄能,但不能在冬季蓄热使用。在后期运行中主要有以下几点原则:

1. 夏季空调制冷

夏季运行中尽量让土壤源热泵承担更多负荷。由于埋管面积有限,热泵主机不能负担夏季峰值负荷,需要其他形式的冷源补充,设置蓄冷水池夜间蓄冷白天承担峰值负荷。

夏季典型设计日空调冷负荷最大时刻以土壤源热泵主机供冷与蓄冷池释冷联合运行的方式为整栋建筑提供冷源,热泵主机负荷不足部分由水蓄冷系统补充。

从经济性角度,了解到长春市地源热泵系统电价不区分峰谷电,常年实行统一电价,考虑到蓄能系统本身的热损耗,夏季的运行模式应优先运用主机进行供冷,只在设计日的白天地源热泵主机负荷不足时利用蓄能系统进行补充。蓄能水池冬夏共用并按照冬季工况进行选型后校核夏季,在蓄能水池最大利用的前提下,以日间全部蓄冷量完全释放为原则运行。

夏季峰值过后,随着空调负荷降低,应逐步减少蓄能系统供冷,直至全部由土壤源热泵主机直接为系统提供冷源。

2. 有热需求的过渡季节

为保证在设计日工况下土壤源热泵能够承担更多的负荷,有热需求的过渡季节(秋季:10月1日—12月1日,春季:3月1日—5月1日)设置空气源热泵优先供热模式。即过渡季节空调系统供能优先级:

空气源热泵>>土壤源热泵>>蓄能>>电热直供

空气源热泵在过渡季节有较高的系统能效比,从运行费用上比电热直供要节省,过渡季节尽量由空气源热泵和土壤源热泵系统负担全部空调热负荷,必要时也可以采用土壤源热泵系统进行蓄热。

3. 冬季空调供暖

根据空调系统夏季运行向土壤的放热量确定当年土壤源热泵的取热量,确定土壤源热泵冬季能够运行时间,进而制定相应的运行策略,原则上保证全年空调系统夏季向土壤的放热量与冬季取热量相等,不足部分由其他空调系统形式(空气源热泵,电热锅炉)补充。

根据运行费用的高低,冬季空调系统供能优先级:

土壤源热泵>>空气源热泵>>蓄能>>电热直供

其中电锅炉只做电力低谷时候的蓄能及供能使用。过渡季/冬季当室外温度低于-10 ℃时,随着室外温度的下降主机性能系数 COP 迅速下降,当空气源热泵系统能效比 COP<2.0 时应停掉空气源热泵,冬季设计日使用土壤源热泵+电热锅炉蓄能系统为整栋建筑提供热源。

对于多种能源耦合供能的形式,实际运行中运营策略要不断地调整,以匹配项目的实际运行状况,这就高度依赖智能监测和控制系统,需要对地下温度场的变化等进行监测,后期运行中应设运行参数监控系统,地源热泵系统全年从地下取热量与向地下释热量应平衡,以保证系统长期稳定运行。

在严寒地区,想要实现以地源热泵为主要能源形式的多能源联合供能系统,往往需要结合蓄能系统和对门窗、气密性等外围护结构的优化,采用土壤源热泵时,地埋管建设也增加了初期建设投资,但该能源系统能够使建筑摆脱对于市政供暖以及化石能源的消耗,后期运行成本也更低。经过计算,对应不同围护结构优化的投资回收期在 7~9 年之间,具有良好的可实施性。

综上,结合超低能耗建筑建设对于外围护结构的优化,相较于传统节能建设,地源热泵系统适应性往更高纬度的严寒地区延伸,再搭配其他辅助供暖技术,在类似长春这样的严寒地区完全可以采用地源热泵为空调系统提供冷热源。

五、总结

本书中通过对夏热冬冷、寒冷及严寒地区典型超低能耗建筑负荷的分析,比较了不同地区下超低能耗建筑和传统节能建筑累计制冷/制热负荷的不同,分析了超低能耗建筑中地源热泵系统应用的特点。主要有以下结论:

(1)对于传统节能建筑,地源热泵技术主要在山东、河北、河南、陕西等冬夏平衡的省份得到大规模推广应用。

(2)超低能耗建筑对建筑外围护结构的优化,使建筑累计制冷/制热负荷不同步变化,冬季累计制热量减小率大于夏季累计制冷负荷减小率,对本书中在寒冷地区的研究对象而言,冬季累计制热量减少 33.45%,夏季累计制冷量反而增加了 9.08%。

(3)超低能耗建筑相较于传统节能建筑累计冷/热负荷的不一致变化,当使用地源热泵系统作为建筑空调系统冷热源时,系统不平衡度也随之变化。对于在三种气候区的典型超低能耗建筑而言,夏热冬冷地区典型建筑从 5.02 变化为 20.41,寒冷地区典型建筑从 1.29 变化为 2.12,严寒地区典型建筑从 0.41 变化为 0.65。在夏季释热量明显大于冬季吸热量的情况下,为了维持地源热泵系统长期稳定、高效运行,需要设其他设备在夏季将多余热量散除到室外空气中;相反的在严寒地区,当出现冬季吸热量大于夏季释热量时,需考虑补热。

(4)不平衡度与 1 的差别越小,系统平衡性能越好,超低能耗技术有利于地源热泵在寒冷地区以及部分严寒地区推广使用。当冬季吸热量大于夏季释热量需要补热措施的时候,可优先考虑其他可再生能源,建立以地源热泵系统为主的联合供能模式。

超低能耗建筑全过程实施

112

第九章 新风环境控制一体机

在传统建筑中,为了提升室内环境的舒适度,需要配置电风扇、电热毯、空调、暖气炉、换气扇、除湿机、加湿器等诸多高能耗的暖通设备。而在超低能耗建筑里面,得益于其围护结构超高的保温性和气密性,仅需安装一套新风环境控制一体机即可满足整个建筑的微气候舒适度需求。

一、新风环境控制一体机简介

(一)技术原理

新风环境控制一体机(图9-1),简称"环控一体机"或"一体机",由冷热源、室内机与控制系统组成,集新风、制冷、采暖与空气过滤等功能为一体,是目前国内超低能耗居住建筑中,应用较多的环境控制系统。

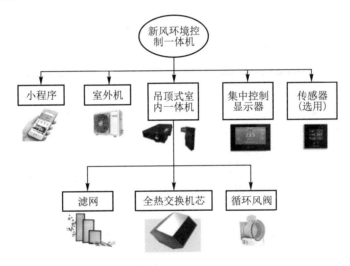

图9-1　新风环控一体机

一体机在技术本质上,是一种全空气系统,它完全由空气来承担房间的冷负荷。全空气系统用于传统居住建筑中,虽然具有空气品质高,末端噪声低,设备故障点少等优点,但是由于设备体积较大,仅适用于大别墅、大平层等室内空间及层高较大的户型。在超低能耗居住建筑中,由于单位面积负荷与传统建筑相比大幅度降低,小型化的全空气系统就具备了可使用的空间条件。

(二)相关标准

德国被动房研究所(PHI)最早根据被动式建筑的要求,编制了一体机的检测标准及认证要求,检测要求名为"Ventilation unit equipped with heat pump including domestic hot water preparation"。我国相关部门,针对国内应用较多的热泵型一体机,于2021年8月20日发布了国家标准《热泵型新风环境控制一体机》(GB/T 40438—2021)。两个标准在整体思路上比较一致,在空气性能与热泵性能的相关检测要求上,PHI的标准与我国的国家标准相比,要求得更细化、更严格。

（三）应用情况

目前,我国已建成的被动式居住建筑,主要分布在华北、华东与华南地区,这些地区夏季都有制冷的需求,一体机这种暖通方案,由于同时具备制冷、采暖和空气净化的能力,与其他暖通方案相比,具备有利的气候适应性。但是,由于一体机需要布设较大截面的风管,对于层高较低的项目(3 m以下)实施起来比较困难。

就目前的统计,在全国范围,一体机应用比例较大;在北京、上海等居住建筑层高较低的一线城市,应用比例比较小。

二、新风环境控制一体机的类型

（一）按气流组织分类

从气流组织角度看,一体机可分为"四管制"与"五管制"两种(图9-2)。

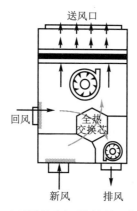

（a）四管制新风环境控制一体机　　（b）五管制新风环境控制一体机

图9-2　新风环境控制一体机基本原理图

一体机内部,是由三股气流组成的,分别是:新风的进风与送风、新风的回风与排风、空调的回风与送风。新风的送风与空调的送风通常是共用的,是设备的送风口。

新风的回风口与空调的回风口如果共用,合为设备的回风口,这种设备业内称为"四管制"设备。

新风的回风口与空调的回风口如果独立分开,这种设备业内称为"五管制",根据《热泵型新风环境控制一体机》(GB/T 40438—2021)的命名规范,新风的回风命名为"回风",空调的回风命名为"室内循环风"。

按照 PHI 推荐的气流组织设计方法,通常把卫生间、厨房等相对污浊的区域,作为新风的回风区,在相对洁净的区域如过道、客厅等设置为空调回风区,这时候使用"五管制"的设备是比较适合的。

由于担心一体机内部漏气大以至新风被排风大量污染,有些项目会给卫生间设置单独的强排风道,这时候就可以直接使用"四管制"设备,或者把"五管制"的设备的回风口与室内循环风口安装在一起。

近几年,随着高分子透湿材料的应用普及、结构设计的优化以及制造工艺的提升,优秀的一体机设备已经完全能做到《热回收新风机组》(GB/T 21087—2020)泄漏等级 C1级即送风净新风滤≥99%的要求。应用"五管制"设备已逐渐成为一体机的主流方案。

(二)按控制方法分类

从一体机内部气流的控制方法看,一体机可分为"两风机"与"三风机"两种设计。

由于新风与循环风是共用送风口的,因此可以用一个送风风机,同时驱动新风与循环风这两股风,另外一个风机驱动排风,这种控制方式叫"两风机"方案(图 9-3)。如果三股风分别用一个独立风机驱动,这种控制方式叫"三风机"方案。

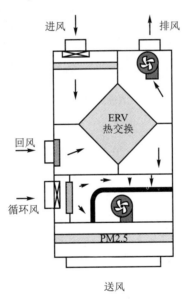

图 9-3 "两风机"一体机

"两风机"方案与"三风机"方案相比,具有制造成本低和安装体积小的优势。但是由于新风滤网的阻力在使用过程中明显增大,从而导致新风衰减,使室内出现负压。为了避免这种情况的出现,需要在新风口与循环风口分别加装阀门,自动进行压力平衡调整,以确保新风量的恒定。

(三)按换热形式分类

按照换热形式,一体机可分为"氟盘管"与"水盘管"两种。

"氟盘管"的一体机,通常与单元式空气源热泵系统配套使用,是目前应用较多的形式,具有产权明晰、容易管理、使用可靠的优点。

"水盘管"的一体机,通常与集中式冷热源系统如地源热泵、水源热泵、太阳能热水等配合使用。此类冷热源系统,在满负荷运行状态下,相比空气源热泵具有更佳的能效比。但在项目入住率不高(小于50%)的情况下,热泵主机容易出现"大马拉小车"的现象,导致单位面积耗电量明显偏高。

三、新风环境控制一体机的自控系统

(一)分区控制

一体机的分区控制,主要指分区控温技术。先进的分区控制技术,不但能分区控温,还能分区控制湿度,二氧化碳浓度、$PM_{2.5}$、TVOC 等气态污染物浓度(图 9-4、图 9-5)。

图 9-4　一体机内嵌式电动风口　　　图 9-5　分区控制截面

对于分区控温的需求,来源主要有三个:

(1)确保室内温度场的均匀性。由于受太阳辐射的影响,建筑的南侧与北侧,对于送风量的需求,在制冷季与采暖季,刚好是相反的。即南侧的区域,夏季得热大,需加大送风量从而加大制冷量;冬季得热大,需要减少送风量,从而减少制热量。因此,南北区域的风阀,需根据季节调整相应开度,才能消除太阳辐射引起的室内南北温度场的差异。

(2)多用户使用时,满足用户对温度的个性化需求。此类的个性化需求,夏季比冬季更常见,比如青壮年男性,通常期望25 ℃左右的环境温度,而老弱人群,通常期望温度要略高一些。

(3)应对室内突发负荷,通过调整所有阀门的开度,增大突发负荷区域风阀开度,减小其他区域风阀开度,从而把所需的大部分的冷热量,送往出现突发负荷的区域。

(二)旁通控制

旁通控制是指设备运行时,新风与排风同时或任意一个利用旁通风阀绕过热交换机芯,达到只通风但不进行热交换的效果(图 9-6)。

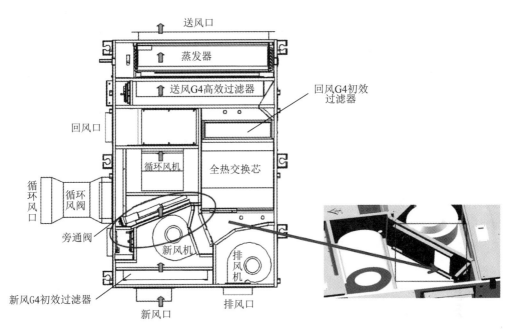

图 9-6　旁通控制示意

需要旁通控制的原因主要有两个：

由于热交换机芯存在阻力，当室外与室内焓差小到一定程度，热交互机芯可回收的能量就会小于热交换机芯阻力导致能量损失，这时候热交换操作的经济性就不佳。国家标准《近零能耗建筑技术标准》(GB/T 51350—2019)中第 7.1.43 节的第 3 款"宜根据最小经济温差(焓差)控制新风热回收装置的旁通阀，或联动外窗开启进行自然通风"所要解决的就是这个问题。以温差为例，不同设备的最小经济温差是不一样的，风机效率越高、热交换效率越高、机芯阻力越小，最小经济温差就越小，即适宜使用热交换的时间越长。设计优良的设备，使用高效的 DC 或 EC 变频风机，温度交换效率 75% 以上的热交换机芯，在名义风量下，机芯单侧阻力小于 100 Pa，最小经济温差小于 2 ℃。因此不同设备的旁通控制参数会有差异，设备厂家需要根据设备实测的最小经济温差或者焓差来设定相关的控制参数。

在制冷季的夜晚，室外的空气温度与湿度都比室内要低，这时室外的空气不需要经过设备的热交换机芯，直接经过初效和高效过滤后送入室内，不仅能得到高质量的空气，更能减少风机的能耗(不经过机芯，减少风机功率)，达到节能的目的。通过能耗模拟计算软件，可以计算出应用这个控制策略的不同运行参数的收益，如在 PHI 的计算软件 PHPP 中，"Additional summer ventilation for cooling"的相关选项。

(三) 卫生间排气联动

卫生间排气联动控制，通常需要在以下两种情况设置：

卫生间采用了独立排风的设计，对应的是"四管制"的一体机安装方法。由于被动式建筑气密性很高，单独开启卫生间的排风扇，实际排气量难以达到设计要求。这时候，需要一体机的联合控制：在卫生间加装一个排气扇的开关传感器，当卫生间排气扇打开后，一体机进入正压送风的状态，待排气扇关闭后，一体机回到平衡压换气状态。

卫生间采用了排风热回收的设计，对应的是"五管制"的一体机安装方法。平常室内空气各项指标正常时，一体机的新风功能通常在低挡位运行，用户希望卫生间在使用时，一体机的通风挡位自动升到最高挡位运行，待卫生间使用完毕后，通风挡位回到默认状态。卫生间使用状态的检测方法包括：手动开关、红外传感器、微波传感器等。

(四) 油烟机排风联动

我国的家庭厨房，通常使用外排式油烟机，在高气密性的被动式建筑中，为了让油烟正常排出，必须要有相应的补风措施。

现有的补风措施，主要是开启厨房外墙补风洞口阀门，或开启厨房的外窗。这类负压自然补风的方法，在实际运行中存在以下几个问题难以解决：夏季厨房整体过热，补风未经过滤引入了室外粉尘，补风洞口本身热桥增加了整体的负荷（厨房通常在被动区内）。

如增加一体机补风功能，不管是独立补风，还是和墙洞联合补风，由于补风自室外进入室内，与室内舒适的空气混合后再进入厨房，因此可以影响厨房室温，使之接近设计温度，从而提高厨房舒适性。

一体机独立补风，能否完全满足补风要求，取决于一体机补风量与油烟机实际排风量的匹配程度。按照现行油烟机国家标准《吸油烟机》（GB/T 17713—2011）的要求，外排式油烟机高挡运行且未接管道时，送风量不少于 10 m^3/min，即 600 m^3/h。油烟机在规定风量（7 m^3/min，即 420 m^3/h）运行时，风压不小于 100 Pa。也就是说，一体机补风量只要大于 420 m^3/h，即可满足国家标准的基本要求。根据目前交付的超低能耗居住建筑中油烟机排气量的检测数据，一体机补风量达到 600 m^3/h，即可满足大多数油烟机的排气需求。

第十章 超低能耗建筑生活热水系统设计

《近零能耗建筑技术标准》(GB/T 51350—2019)把生活热水纳入了能耗计算范围,在原则上进行了约束,但对热源选择、管网布置、水压、温度控制和舒适性等没有提出明确的规定。

生活热水在住宅、办公建筑中能耗占比不高,但在宾馆、宿舍、浴室等设置集中热水系统的建筑中,热水能耗占比则大大提高,甚至有些建筑热水能耗占据整个建筑能耗的50%左右,所以对于生活热水系统,在热源选择、管网布置、水压、水量、水温这些方面需要进行精细化设计,在节能的前提下,做好舒适性、经济性的平衡。

本章主要从方案选择、能耗计算、舒适性等三个方面进行阐述。

一、方案选择

生活热水系统的方案选择,主要考虑建筑类型、用水情况等影响因素,下面就几类典型的建筑功能进行阐述。

(一)住宅

住宅生活热水有分户热水系统、集中热水系统之分。分户热水系统在市场中较为常见,也符合用户诉求,究其原因,住宅是个性化需求,在用水时间、水温调节等方面每户的要求及忍受度不同。集中热水系统初次投资较大,平时运行费用较高,又存在后续投诉风险等问题,只有在较高端楼盘中才可能设置。

分散热水系统主要有燃气热水器、电热水器、太阳能热水器等形式,主要性能特点比较如下:

供水稳定性:燃气热水器>电热水器>太阳能热水器。

节能性:太阳能热水器>燃气热水器>电热水器。

便利性:燃气热水器>电热水器>太阳能热水器。

使用安全性:太阳能热水器>燃气热水器=电热水器。

燃气热水器在水温稳定、加热速度方面要优于电热水器,在安全方面,二者均有风险。燃气热水器要装在卫生间外面,需要有强排的烟囱直通室外,电热水器需要具备防触电装置。

北方城市住宅多用电热水器或者燃气热水器,南方城市住宅多采用燃气热水器或阳台壁挂式太阳能热水器。

综上,住宅建筑推荐采用燃气热水器,因为这种热源方式安装灵活,初次投资低,维修方便,水温可以自行调节,优缺点比较均衡。

(二)办公楼

办公楼类建筑用水主要集中在洗手盆,且仅仅在冬季使用,单人单次用水量不大,使用不连续,且用水点比较分散。基于这些特点,集中热水系统一年只用一个季节,显然比较浪费,实际项目中一般采用分散热水系统。分散热水系统有容积式电热水器、小厨宝两种模式。

小厨宝就是电热水器的一种,一般容积为 5~10 L,适合在厨房洗碗、洗菜或卫生间洗手所用,因此而得名。小厨宝在农村家庭、城市住宅厨房、办公室洗手盆处均得到了广泛应用。

容积式电热水器的容积一般为 60~80 L,适合个别办公室内部小卫生间洗手盆及淋浴用水。

综上,在办公类建筑中洗手盆处推荐采用小厨宝,这种热源方式安装灵活,初次投资低,维修更换方便。

(三)酒店

酒店类建筑居住人数多,卫生间个数多,热水用水量较大,一般都会设置集中热水系统。热源可以采用工业余热、燃气锅炉、空气源热泵、地源(水源)热泵、太阳能等,可以根据项目实际情况进行选择。市场上酒店多采用燃气锅炉、空气源热泵,太阳能采用的不多。下面就各类热源进行分析。

1.燃气锅炉

储水容积≥500 L 或者功率≥100 kW 的容积式燃气燃烧器称为燃气锅炉,《建筑设计防火规范(2018 年版)》(GB 50016—2014)中规定:燃气锅炉宜设置在建筑外的专用房间内,确需贴邻民用建筑布置时,应采用防火墙与所贴邻的建筑分隔,且不应贴邻人员密集场所。锅炉需要到环保部门备案审批,需要具有"特种设备作业人员证"人员操控,限制条件比较多。

厂家为了规避锅炉的各类限制要求,制造出了容积 300~400 L、制热量≤99 kW 的燃气热水器,类似设备不受锅炉的各类限制。

燃气热水器由于本身有一定的容积,在小型酒店上可以不设置热水水箱,具有加热速度快、水温稳定的特点,特别适合入住率随时变化的酒店,在市场上得到了广泛的应用。快捷经济型酒店一般采取这种方式。

2.空气源热泵

空气源热泵属于可再生能源范畴,近年来,除了严寒地区,空气源热泵在其他气候区得到了广泛应用,现在甚至开发出了超低温空气源热泵。空气源热泵的使用南方多,北方少,北京、河北一带冬季也可以使用,只不过效率低一点,全年平均能效比一般在 3~4 之间。

空气源热泵的优点是无论是白天、夜晚、阴雨风雪天气均可进行工作,缺点是制热升温慢,需要配备储热水箱,把所需要的热水提前储备起来,酒店的入住率是动态的,所以空气源热泵系统需要根据酒店类型配备足够容积的水箱。

3.太阳能

太阳能同样属于可再生能源范畴,在《民用建筑太阳能热水系统应用技术标准》(GB 50364—2018)条文说明第 5.4.2 条中有对全国太阳能条件的分类,从年日照时数、年太阳能辐照量两个维度共分为四个区域,设计师在项目的初期阶段可以用此表根据热水量估算出太阳能集热器的面积,见表 10-1。

表 10-1　每 100 L 热水量的系统集热器总面积推荐值

等级	太阳能条件	年日照 时数/h	水平面上年太阳 辐照量/ [MJ/(m²·a)]	地区	集热器总 面积/m²
Ⅰ	资源极富区	3 200~3 300	≥6 700	宁夏北、甘肃西、新疆东南、青海西、西藏西	1.2~1.4
Ⅱ	资源丰富区	3 000~3 200	5 400~6 700	冀西北、京、津、晋北、内蒙古及宁夏南、甘肃中东、青海东、西藏南、新疆南	1.4~1.6
Ⅲ	资源较富区	2 200~3 000	5 000~5 400	鲁、豫、冀东南、晋南、新疆北、吉林、辽宁、云南、陕北、甘肃东南、粤南	1.6~1.8
Ⅲ	资源较富区	1 400~2 200	4 200~5 000	湘、桂、赣、江、浙、沪、皖、鄂、闽北、粤北、陕南、黑龙江	1.8~2.0
Ⅳ	资源一般区	1 000~1 400	≤4 200	川、黔、渝	2.0~2.2

此表是根据我国不同等级太阳能资源区有不同的年日照时数和不同的水平面上年太阳辐照量,再按每产生 100 L 热水量分别估算出不同等级地区所需要的集热器总面积,其结果一般在 1.2~2.2 m² 之间。

在资源极富区、资源丰富区、资源较富区,推荐使用太阳能,在资源一般区集热效率不高,不推荐使用。

太阳能属于不稳定热源,需要足够的向阳面积铺设集热器板,酒店对于热水稳定性要求比较高,所以必须配备辅助热源,而且在阴雨天辅助热源要能够全部满足酒店热水需求,这就要配备两套热源系统,初次投资比较大。

辅助热源推荐使用空气源热泵、燃气热水器,从节能角度优先推荐空气源热泵,从出水稳定性考虑优先选择燃气热水器,在实际项目中可以根据业主要求、投资情况综合判断,选择合适的辅助热源。

综上,超低能耗建筑侧重节能,在满足使用要求的前提下尽可能使用可再生能源,热源的推荐顺序为太阳能、空气源热泵、地源热泵、燃气热水器。酒店是对热水系统要求比较高的建筑,在选择热源时既要考虑充分使用可再生能源又要考虑天气资源的自然禀赋。在两者兼顾的前提下,还要结合业主实际需求、初次投资、运行费用等因素进行选择。

二、能耗计算

目前超低能耗建筑能耗模拟计算的主流软件为 IBE、PHPP 和 DeST 等。IBE 为中国建筑科学研究院有限公司开发的能耗计算软件,整体操作性相对简便;PHPP 是由德国被动房研究所(Passive House Institute,PHI)开发的能耗计算软件,也是 PHI 认证指定的计算软件;DeST 是清华大学研发的建筑环境系统设计模拟分析软件,整体操作相对复杂,比较适合大型公共建筑。

在超低能耗建筑中,生活热水使用量根据建筑类型的不同差距较大,这就导致热水能耗在整个建筑能耗中的占比是不同的。下面就通过住宅、办公楼、学校宿舍等实际案例进行分析比较。

(一)住宅

河南省孟津县河洛春风苑小区由多栋 4 层洋房及部分小高层组成,总平面布置图见图 10-1,单体立面效果图见图 10-2,以其中的 9 #楼为例,每户按 5 人计算,总计人数为 5×6＝30 人,每户卫生间为 3 个,厨房 1 个,平均日热水定额取 40 L/(人·d),平均日热水用水量约为 1.2 t,每户设置燃气热水器制取热水,用 DeST 软件进行能耗计算分析后,各个分项能耗见表 10-2。

图 10-1 河洛春风苑总平面布置图
(图片来源:洛阳丰合力天房地产开发有限公司)

图 10-2 河洛春风苑单体效果图
(图片来源:洛阳丰合力天房地产开发有限公司)

表 10-2　建筑能耗模拟结果

能耗分项	供暖、通风、空调	照明	电梯	生活热水
单位面积能耗/[kW·h/(m²·a)]	25.61	15.96	5.77	9.06
能耗占比	45.40%	28.30%	10.20%	16.10%

从上面的计算结果来看:住宅楼(洋房)生活热水能耗占比 16.10%,约为暖通空调的 1/3。

(二)办公楼

森鹰(南京)总部为既有建筑改造项目,位于南京市雨花台区,立面效果图见图 10-3,地下二层为停车区,地上五层为办公区,地上部分为超低能耗建筑区域,地上部分建筑面积为 2 678 m²。

图 10-3　森鹰(南京)总部立面图
(图片来源:哈尔滨森鹰窗业股份有限公司)

二至五层设置公共卫生间,每层男女卫生间各 3 个洗手盆,总计 24 个洗手盆。

办公人数按 20 m²/人计算,约 130 人,平均日热水定额取 5 L/(人·d),平均日热水用水量约为 650 L。由于办公区使用热水量较少,且南京冬季时间较短,采用局部加热系统,在洗手池下方设置小厨宝,满足办公人员冬季的热水需求。经 DeST 软件模拟,各个分项能耗见表 10-3。

表 10-3　建筑能耗模拟结果

能耗分项	供冷	供热	照明	电梯	生活热水
单位面积能耗/[kW·h/(m²·a)]	19.80	15.60	13.80	3.47	0.73
能耗占比	37.08%	29.21%	25.84%	6.50%	1.37%

从上面的计算结果来看:办公楼的生活热水能耗占比1.37%,约为暖通空调的1/25。

（三）学校宿舍

龙湖一中位于郑州市中原区,其总平面布置图见图10-4,建设用地面积64 883 m²。主要建设内容为礼堂、实验楼、教学楼、图书信息楼、教师公寓及学生宿舍楼、食堂、体育馆,主要建筑均采用超低能耗标准建设。其中5#宿舍楼为男生学生宿舍,地上六层,建筑高度19.00 m,建筑面积5 363 m²。

图10-4　龙湖一中总平面布置图
（图片来源:郑州大学综合设计研究院有限公司）

宿舍楼每层28间宿舍,每间设置6人,总计人数为6×28×6＝1008人,每层设置公共卫生间、公共浴室、公共盥洗间,房间内无卫生间,平均日热水定额取40 L/(人·d),平均日热水用水量约为40 t/d。热水系统整个校园设置一处热水机房,热源采用空气源热泵,设置储热水箱,管网为集中热水系统,经DeST软件模拟,各个分项能耗见表10-4。

表10-4　建筑能耗模拟结果

能耗分项	供冷	供热	照明	生活热水
单位面积能耗/[kW·h/(m²·a)]	28.49	9.47	6.72	52.86
能耗占比	29.20%	9.70%	6.90%	54.20%

从上面的计算结果来看:宿舍楼生活热水能耗占比54%,超过采暖及空调能耗。

三、舒适性

超低能耗建筑在节能的同时对舒适性也提出了要求,全年室内温度维持在20~26 ℃之间,湿度维持在30%~60%之间。随着人民物质生活水平的提高,人们对生活热水的需求逐渐从“有”到“好”转变,热水是否即开即到,水温是否即开即舒,水质如何,这些是人们更加关注的。即开即到、即开即舒两者的背后是热水管网合理布置、有效循环、冷热压力平衡的体现,更有国家节水的要求。下面从节能与节水、舒适性措施两个方面进行论述。

(一)节水与节能

热水能耗与热水水量、制热热源息息相关,所以热水节能体现在两个方面,一方面是节水,另一方面是从热源角度节能,热源尽可能采用可再生能源。

从《民用建筑节水设计标准》(GB 50555—2010)第4.1.3、4.2.3、4.2.4条可以看出,主要是采用以下方式进行节水节能:

(1)各用水点处供水压力≤0.2 MPa,当然同时要大于卫生间器具的工作压力。这一措施属于减压限流。

(2)用水点处冷、热水供水压力差不宜大于0.02 MPa。这一措施属于减少调节水温时候的放水时间,从而减少放出的水量。

(3)集中热水供应系统应设置机械循环,保证干管、立管或干管、立管和支管中的热水循环;设有3个以上卫生间的公寓、住宅、别墅共用水加热设备的局部热水供应系统,应设回水配件自然循环或设循环泵机械循环。这一措施属于热水循环要求,管网的热水温度时刻保证在合理区间,减少使用热水时放出较长时间的冷水。

(4)全日集中供应热水的循环系统,应保证配水点出水温度不低于45 ℃的时间,对于住宅不得大于15 s,医院和旅馆等公共建筑不得大于10 s。这一措施也保证使用热水时尽量减少释放冷水的水量。

(二)舒适性措施

1.水压

生活热水通过水龙头水嘴、淋浴头等卫生器具供人们使用,其出流的水压、水量是人体感受的重要参数,既要满足人体清洁需要,又不能压力太大,造成压迫感,合适的供水水压在0.15 MPa左右。

(1)《水嘴水效限定值及水效等级》(GB 25501—2019)中,将水嘴的水效等级分为3级,绿色建筑均要求2级及以上,超低能耗建筑建议选择2级及以上等级的水嘴。

(2)目前市场的水嘴多数具备滤网,基本可以达到2级以上水效等级,水龙头口加滤网,主要是节水,其次是过滤杂质、防喷溅。水流经过滤网的时候,会破坏它的层流状态,形成湍流并混有空气泡沫,使水流在被洗物体表面的附着能力提高,从而提高了清洁效率。这样一来,本来30 s的使用时间,可能会降低到20 s。此外,加了滤网,肯定会减弱水流的流量,也有一定的节水效果,属于减压限流措施。

(3)《淋浴器水效限定值及水效等级》(GB 28378—2019)中,将淋浴器水效等级分为3级,即在水压0.1 MPa下,1级对应流量为≤4.5 L/min;2级对应流量为≤6.0 L/min;3级对应流量为手持式花洒≤7.5 L/min,固定式花洒≤9.0 L/min。绿色建筑均要求2级及以上。超低能耗建筑建议选择2级及以上等级的淋浴器。

(4)淋浴器在选择时,尽量选择孔径较大的淋浴头,避免长期使用导致水垢堵塞。

(5)冷热水压力要平衡。在双管系统中,由于冷水、热水有时不是同源,人们在使用时频繁调整手柄,但不容易调整出稳定的水温。这就需要设计师在设计时,冷热水尽量同源,如果不能同源,尽量保持冷水加压泵、热水加压泵扬程一致,同时微调末端的阀门,使得冷热水的压差不大于 0.02 MPa。

2.水温

打开水嘴热水徐徐流出是人们向往的,要保证时刻取得不低于 45 ℃ 的热水,则管道需要做好机械循环。机械循环主要分为干管、立管循环及干管、立管、支管循环,下面就住宅户式热水及公共建筑热水两个方面展开探讨。

(1)住宅

多数家庭采用的是燃气热水器制取热水,燃气热水器一般安装在厨房,不带循环管路,卫生间距离厨房比较远的情况下,大约需要放 10 s 左右的冷水,会浪费一部分水资源,同时人员需要等待。

近几年市场上已出现自带循环泵的燃气热水器(零冷水功能),可以实现热水的循环。有两种安装方式:第一种是设置热水回水管,见图 10-5;第二种是利用冷水管兼作热水回水管,见图 10-6。第二种适合前期装修未设置热水回水管的房屋,效果不如第一种。

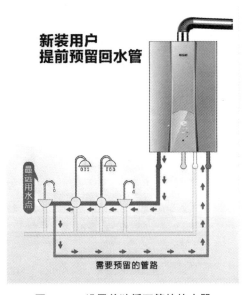

图 10-5　设置单独循环管的热水器

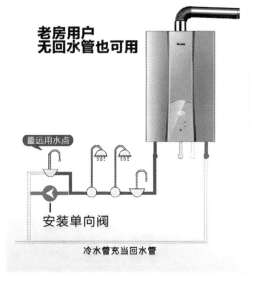

图 10-6　冷水管兼做热水循环管的热水器

(2)公共建筑

设置集中热水系统的公共建筑,如酒店、宿舍类建筑,一般有以下两种循环方式。

第一种:干管、立管设置循环管道,支管不做循环,可以保证立管中的水温始终保持 45 ℃ 以上,在开水嘴时,需要放空卫生间内支管管道的水,一般需要 3~5 s 即可出热水,市场上多数普通酒店及其他公共建筑属于此种情况。

第二种:干管、立管、支管均循环,可以保证支管中的水温始终保持 45 ℃ 以上,在开水嘴时,可以立刻出热水,一般高级的酒店才会设置支管循环。

设置支管循环会造成管路复杂,造价提升。在选择管网循环方式时,建议根据使用方式的要求、成本造价、管路实际情况综合判定。

3.水质

随着生活水平的提高,普通的自来水已无法满足人们的饮用要求,现在多数家庭、办公楼均设置有直饮水系统。

高端住宅一般设置的有全屋软化系统,所有的用水全部是软化水,软水含有较少的可溶性钙、镁化合物,不易与肥皂产生浮渣,长期用软水洗澡会使得皮肤更加光滑。用软水洗衣泡沫更丰富,衣服也将会变得更加蓬松、洁白、艳丽、明亮,洗脸的毛巾不再变黑、变硬,软水洗涤餐具、茶具晶莹剔透,脸盆浴盆光亮如新,不再有污渍、斑点。

对于生活有所追求的高端业主,推荐设置全部软化系统,家庭版软水机的流量一般为 1.0 t/h,国产软水机的价格在 1 万元左右,德国进口的在 2 万元左右。一般采取的是钠离子交换法,就是原水通过钠离子交换剂时,水中的 Ca^{2+}、Mg^{2+} 被交换剂中的 Na^+ 所代替,使易结垢的钙镁化合物转变为不形成水垢的易溶性钠化合物,从而使水得到软化。

四、总结

随着生活水平的提高,人们已经从有房住过渡到了对健康、舒适的节能房屋的向往,作为设计师要增强责任感,既要回应国家节能要求,又要回应人民日益增长的用水品质诉求。

本章从生活热水系统方案的选择出发,分析各类建筑热源的选择,阐述了生活热水在建筑中的能耗占比,解析了用水舒适性的影响因素,为超低能耗建筑的技术方案选择提供了合理化建议。

第十一章 建筑光伏一体化的应用

一、BIPV 与 BAPV

住房和城乡建设部、国家发展改革委制定的《城乡建设领域碳达峰实施方案》中指出：推进建筑太阳能光伏一体化建设，到 2025 年新建公共机构建筑、新建厂房屋顶光伏覆盖率力争达到 50%。推动既有公共建筑屋顶加装太阳能光伏系统。截止到 2020 年，建筑光伏的装机量约占分布式光伏装机量的 50%，约占总光伏装机量的 15%，光伏与建筑结合的形式逐渐成为光伏建设的重要组成部分。按照结合方式不同，主要分为 BAPV 和 BIPV 两大类。

（一）BAPV

BAPV（Building Attached Photovoltaic）是指附着在建筑物或构筑物上的太阳能光伏发电系统，也被称为"安装型"太阳能光伏系统。BAPV 不影响原有建筑物或构筑物的功能，通过将光伏组件安装在已有建筑屋顶、墙面等结构上，再增加逆变器等装置，实现利用建筑闲置空间发电的目的，其主要功能是发电。BAPV 采用结构支架将光伏组件固定于原有屋顶结构，是后置方式，不破坏或削弱原有建筑物的功能，一般运用于建筑改造、屋面光伏设计。由于目前多数建筑在前期设计、施工时没有考虑设置光伏系统，后期若增设光伏系统，多数会采用 BAPV 的形式，但这样会对结构荷载、建筑整体美观产生影响，并且后期改造对人力、材料等资源也会产生浪费，因此在前期设计阶段要尽量前置考虑。

（二）BIPV

BIPV（Building Integrated Photovobtaic）就是建筑光伏一体化，其不单单作为发电组件，同时它还具备建筑构件的功能属性，更是建筑围护结构不可或缺的一部分。BIPV 产品是光伏产品和建筑材料的结合，可以替代一些传统的建筑材料，在建筑设计阶段整体设计，并在施工过程中与主体建筑融为一体。BIPV 是光伏产品的一种更高级的表现形式，对光伏产品、设计师设计能力、施工人员等要求都比较高，是光伏在未来建筑领域应用的发展方向。

二、BIPV 太阳能板材质

（一）晶体硅类

晶体硅类组件主要指单晶硅太阳能板和多晶硅太阳能板。中国晶体硅产业产量连续 10 年居世界首位，约占世界产量的 98%。晶体硅类太阳能电池经过数十年的发展，技术体系已相对成熟，光电转换效率持续提升，且产业规模迅速扩张，边际制造成本显著降低。在能量转换效率和使用寿命等性能方面，晶体硅类电池优于薄膜类电池。相较于薄膜类组件,在相同的占地面积下,采用晶体硅类组件,装机容量要比薄膜组件要高。由于晶体硅类产品容易产生热斑效应,组件上如覆盖落叶、灰尘、鸟粪等杂质有可能导致发热短路,使组件停止工作,整个串联组件都会瘫痪,所以采用晶硅类组件要组织好日常维护工作,及时清洁电池板。

晶体硅类产品双玻构造及单晶硅片与多晶硅片的外观图分别见图11-1、图11-2,晶体硅类电池板分类见表11-1。

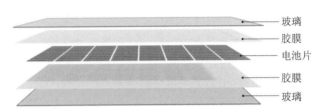

图 11-1　晶体硅类产品双玻构造

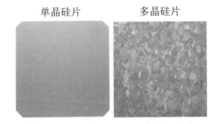

图 11-2　单晶硅片与多晶硅片外观图

表 11-1　晶体硅类电池板分类

序号	分类	工艺及特点	转化效率
1	单晶硅电池板	采用纯度 99.9% 以上的单晶硅硅棒,将硅棒制成硅片,经过成型、抛磨、清洗等工序后制成原料硅片,再掺入硼、磷、锑等微量元素,形成具有光电效应的 PN 结,最后采用丝网印刷法制成光伏电池的单体片	可达 25%
2	多晶硅电池板	采用含有大量单晶颗粒的集合体,或是采用废次单晶硅和冶金级硅材料熔化浇铸而成,对硅材料纯度的要求大大降低。多晶硅光伏电池片的制造工艺与单晶硅电池类似,硅锭可铸成立方体,切片可加工为方形,成本及利用率相较于单晶硅电池板要低	可达 20%

(二)薄膜类

薄膜类组件是指主要包括碲化镉(CdTe)、砷化镓(GaAs)、硫化镉(CdS)、铜铟镓硒(CIGS)、钙钛矿薄膜电池等(表11-2)。薄膜类组件的弱光性能比晶体硅类组件好很多,在阴雨天、雾霾等环境下,依然能持续发电。如图11-3所示,较低辐照度下,薄膜类组件比晶硅类组件早发电1个多小时。薄膜类组件的温度系数低于晶硅类产品,晶硅电池在工作温度高于 25 ℃时,每上升 1 ℃,最大发电功率会下降 0.4%~0.45%,而薄膜电池的最大发电功率下降 0.19%~0.21%,是晶体硅太阳能电池的一半。薄膜类组件热板效应小,在同样遮蔽情况下,薄膜类组件产品受到的影响最小,如图11-4所示。

表 11-2　薄膜类电池板分类

序号	分类	工艺及特点	转化效率
1	铜铟镓硒电池板	CIGS薄膜是由铜、铟、硒等金属元素组成的直接带隙化合物半导体材料,其性能稳定、抗辐射能力强	可达19%
2	碲化镉电池板	主要由p型碲化镉、n型镉(硫化镉)薄膜、透明电极、背电极、玻璃基底等组成。其光吸收率高,转换效率高,性能稳定	可达21%
3	钙钛矿电池板	利用钙钛矿型的有机金属卤化物半导体作为吸光材料的太阳能电池,其性能优异、成本低廉,但受到稳定性、生产工艺等因素制约,目前尚未进入大规模应用阶段	可达31%

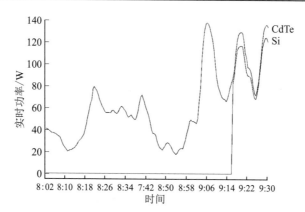

图 11-3　晶硅与碲化镉组件实施功率对比

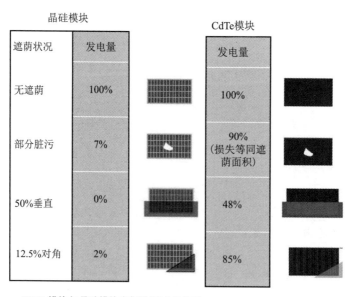

*CdTe模块与晶硅模块在标准测试条件下

图 11-4　晶硅与碲化镉组件遮蔽实验对比

三、BIPV 的优缺点

(一) BIPV 的优点

建筑光伏一体化的优点见表 11-3。

表 11-3　建筑光伏一体化的优点

1	绿色能源	利用太阳能产生清洁绿色的可再生能源,基本不会污染环境
2	节约土地资源	结合屋顶及外墙设置,充分利用建筑外表面空间,不需要额外占用土地面积
3	建筑节能	光伏作为建筑表皮可以吸收太阳能转化为电能,降低室外综合温度,减少墙体得热以及室内空调冷负荷
4	自发自用减少输电损耗	自发自用可以最大限度地减少输配电过程中的电力损耗,提高建筑的整体能源效率

(二) BIPV 的缺点

建筑光伏一体化的缺点见表 11-4。

表 11-4　建筑光伏一体化的缺点

1	成本高	目前来说,光伏建筑相较于普通建筑建造成本较高,部分部品部件需要定制,成本不易控制
2	供需不匹配	发电高峰期与用电高峰期在时间上不一定匹配,用电高峰期仅依靠光伏发电可能无法满足日常用电需求
3	日常维护困难	光伏组件表面清洁度直接影响发电效率,因为 BIPV 设置部位的不同,会导致部分区域维护困难
4	技术标准尚不完善	目前国内 BIPV 还处于高速发展阶段,相关技术标准并不完善
5	削弱建筑防火性	BIPV 光伏系统中接线盒、串接器等会削弱建筑防火性能,增加建筑火灾风险

四、BIPV 的安装形式

BIPV 的安装形式日益多元化,实际运用也更为普遍,要根据不同情况、不同需求、不同功能采用不同的 BIPV 安装方式。作为建筑不可或缺的一部分,在设计、选用 BIPV 产品时,要注意产品的防水性能、防火性能、气密性、耐候性及清洁便捷性等,要满足建材的基本属性,争取达到与建筑同寿命。

(一) 光伏屋面

1. 光伏屋面应用范围

BIPV 光伏屋面可分为光伏屋面板系统、挂瓦式光伏系统。光伏屋面板系统是采用光伏组件替代金属屋面板,安装固定方式与金属屋面相似,需要预留出接线盒的接线空间,多用于工业类建筑厂房。挂瓦式光伏系统采用光伏瓦铺设在屋顶,多用于建筑坡屋面。混凝土结构坡屋面做法是在结构层上安装顺水条、挂瓦条后铺设光伏瓦,在屋脊与最外侧可采用普通收边瓦形成光伏屋面。木结构坡屋面的做法是在檩条上铺设椽子,用望砖或望板覆盖在椽子上,将顺水条、挂瓦条依次固定在望板上,继而铺设光伏瓦,在屋脊与最外侧可采用普通收边瓦形成光伏屋面。光伏瓦替代传统屋面瓦,既保留了原有瓦片的建筑功能,满足结构需求、维修便利,又实现了发电功能。

2.光伏屋面设计要点

(1)光伏布局基本要求

建筑物安装光伏建材,多数情况下是希望光伏发电效率高,进而创造更多的收益,所以光伏建材在设计安装时一定要从获取收益最大化的角度出发。为了获得更多的太阳能,光伏建材的布置应尽可能地朝向太阳光入射的方向,如可以安装在屋顶的正南、东南、西南等;若面积有限,可以考虑安装在正东和正西方向,但具体要看当地的太阳照射条件。这里值得一提的是,考虑到建筑物周边的环境,应尽量避开或远离遮挡物。进行BIPV屋面设计时,应根据建筑安装面的实际情况确定光伏建材的规格、数量、排列方式。

(2)对于光伏建材与建筑一体化的要求

以瓦材坡屋面为例,在进行 BIPV 设计时,我们需要制定一些边界条件,尽可能不破坏建筑的原有风格、保证建筑原有的功能,继而再考虑为建筑赋能。

在进行 BIPV 设计时,需要考虑如何将光伏建材积极主动地与传统建材深度融合(图11-5),因此在设计之初就需要考虑屋面挂瓦条间距、尺寸、配套瓦尺寸、搭接距离、收边收口构造等因素。

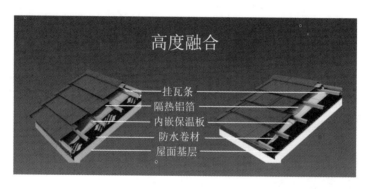

图 11-5　光电建材与屋面系统深度融合

而对于一般工商业建筑常用的平屋面形式,以单层柔性屋面系统(图11-6、图11-7)为例,它采用单层柔性防水层的屋面系统,通常包括结构层、隔汽层、保温层、防水层等屋面层次,采用机械固定、满粘或空铺法等不同方式将各层次依次结合起来。防水卷材屋面的设计年限一般为 25 年。针对此类屋面,BIPV 的设计要点在于如何在不破坏其防水构造的情况下增加光伏发电属性,同时需要考虑光伏构件的通风散热功能以及结构安全。

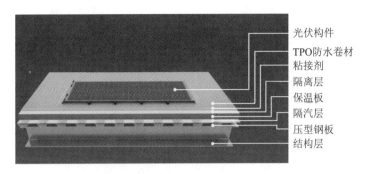

光伏构件
TPO防水卷材
粘接剂
隔离层
保温板
隔汽层
压型钢板
结构层

图 11-6　单层屋面(金属基层)

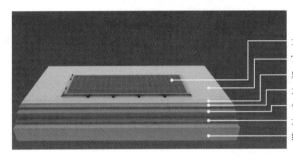

光伏构件
TPO防水卷材
粘接剂
水泥砂浆找平层
保温层
水泥砂浆找平层
结构层

图 11-7　单层屋面(混凝土基层)

3.光伏屋面施工要点

对于坡屋面光伏系统,在顺水条和挂瓦条安装前,需要检查屋面的固定层,确保平整,且有足够的厚度和强度,保证安装的牢固。

4.光伏屋面的运行维护

建筑屋面光伏系统运行维护主体应根据系统监控运行数据和日常巡视检查结论,评估光伏组件清洁方法、时间节点和次数,分析发电损失原因并及时采取措施。

光伏屋面的清洁主要有以下几种形式:

(1)光伏产品自清洁

自清洁是指自身通过各种方式移除表面附着的杂质或细菌。自清洁的表面需要具有疏水性,让物体表面的水滴带走表面的灰尘,从而达到自清洁的功能,从源头上解决积尘问题。

(2)手动清理

使用硬刷及毛巾来手动刷去屋面的灰尘与苔藓,最好在干燥的天气洗刷,确保杂物不会由于过于潮湿而粘在屋顶的缝隙中。

(3)高压水枪冲洗

直接使用水枪冲洗是最简单和直接的清洁方法。需要注意的是,不当使用高压水枪会使得镀层提前磨损或被破坏,从而降低光伏瓦面的寿命。

(二)光伏幕墙

光伏幕墙是集发电、隔声、隔热、安全、装饰功能于一身的新型建筑外围护结构,通过光伏组件与中空玻璃结合,不仅可以保持建筑原有的功能性、安全性以及美观需求,还能通过全年发电提供电能,同时太阳能转换的热能可满足建筑的季节性能源需求。

建筑幕墙的结构形式分为明框式、全隐框式、半隐框式、全玻式、点支式等。明框式、隐框式(包含全隐框式、半隐框式)是通过副框、压块将玻璃固定在玻璃幕墙的龙骨上。明框式幕墙光伏组件接线盒可以隐蔽在扣板中,隐框式幕墙光伏组件接线盒隐蔽在两块组件的缝隙中,因为有接线需求,隐框式幕墙之间缝隙宽度会有所增加。

薄膜类光伏材料与透明玻璃幕墙结合得更为柔和,可以通过调节玻璃幕墙中光伏材料的疏密来调节透光度,也可以通过调节玻璃夹胶层的颜色来调节幕墙的颜色,一方面满足不同空间的采光要求,另一方面产品多样化对建筑立面效果带来更多的表现方式。

随着我国节能标准的一步步提升,尤其是北方地区,对围护结构热工性能、气密性、水密性、抗风压等级等的要求也越来越高,光伏幕墙同样也要跟随形势,提高系统的性能。可以通过光伏组件与多层中空玻璃、真空玻璃进行结合等措施来提高隔热性能。

1.光伏幕墙的应用范围

目前,光伏幕墙行业处于快速发展的阶段,相关材料、技术不断创新发展,相应的构造技术、施工工法等不断进步完善,行业内还没有建立明确的分类规则。在此,仅根据现有的应用形式、材料、技术等进行大致分类。

(1)按光伏发电材料分类

按发电材料可分为晶硅类、薄膜类等。

晶硅类光伏幕墙存在单晶硅与多晶硅之分,以双层玻璃夹层方式为主要表现方式。鉴于发电效率以及行业发展现状与趋势,早期的晶硅类光伏幕墙的应用以多晶硅为主,目前晶硅类光伏幕墙主流方式为单晶硅(图11-8)。

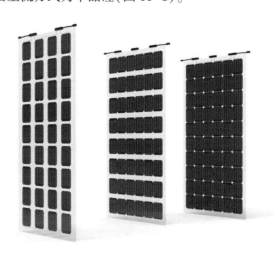

图11-8　单晶硅双玻透光组件

薄膜类光伏幕墙应用广泛,从发电材料角度进一步细分,还有碲化镉、铜铟镓硒、钙钛矿等类别。薄膜类光伏幕墙有着色彩可变、透光透视、有纹理、弱光性、可定制化等优点。

（2）按光伏透光性分类

按透光性角度分类，可分为透光型、半透光型、非透光型等。

晶硅类光伏应用于透光幕墙时，通常以双玻夹层组件替代玻璃幕墙外层玻璃的方式呈现，而晶硅电池本身不具备透光性，可通过调节晶硅电池之间的间隙来调节透光度，属于半透光型光伏幕墙，见图11-9、图11-10。

图 11-9　青海西宁光伏产业技术创新中心晶硅光伏幕墙

图 11-10　晶硅透光光伏阳光房

晶硅类光伏应用于非透明幕墙时，通常会在双玻组件的夹层内进行色彩及纹理、图案的艺术化处理，此类应用基本不具备透光性，属于非透光型光伏幕墙。

薄膜类光伏幕墙在透光性方面呈现多元化特征，以碲化镉薄膜类为例，其透光性能来源于对发电薄膜的刻蚀形成电池组串时的间隙空间，这对透光性、透视性、透光率等性能起到了重要作用。由于能够根据设计要求对色彩、纹理、图案等艺术化处理和个性化定制,使其产生了透光、半透光(或局部透光)、非透光等多种表现形式,见图11-11,也因此使得薄膜类光伏幕墙应用更为广泛,适应性更强。

白玻　　　　60%透光　　　　40%透光　　　　20%透光

图11-11　薄膜光伏组件透光率对比

薄膜类发电材料也有以金属等板材为基底的技术路线及产品,金属板材的不透光性决定了此类光伏幕墙具有非透光特征,属于非透光型光伏幕墙,适用于建筑非透明围护结构的外表皮,见图11-12。

铝板型光伏幕墙

铝板型光伏幕墙

铝材型发电玻璃

图11-12　薄膜类铝板型光伏建材

光伏非透明幕墙的安装方式与传统石材幕墙相似,多采用干挂的安装形式。光伏仿石材幕墙能够强化建筑立面美感,提升建筑质量,除了发电功能外,作为建筑物耐候的外表皮,无须额外占用面积,省去光伏系统支撑结构。光伏仿石材幕墙的设置受限于位置、日照小时数、发电效率等因素。

2.光伏幕墙的设计要点

仿石材光伏幕墙通常采用 2.5T+1.14PVB+3.2TCO+1.14PVB+2.5T 的双夹胶玻璃结构形式,多采用隐框幕墙的做法。由于组件本身的不透光性,可采用背出线的形式。仿石材光伏幕墙结构连接系统多采用后置预埋板形式与建筑主体固定,与建筑主体之间具有一定的距离,便于光伏组件背部通风散热。

3.光伏幕墙的施工要点

光伏幕墙主体结构多为钢结构,横竖龙骨多为铝合金材质,玻璃为夹胶钢化玻璃。

幕墙施工顺序:测量放线→后置埋件位置核准→转接件安装、调整→安装竖龙骨→安装横龙骨→光伏玻璃安装→电气组串(与光伏玻璃安装同步进行)→注胶及幕墙外立面清洗。

4.光伏幕墙的运行维护

光伏幕墙系统要注重日常的运行维护,应在投运前做好制度制定和人员、设备管理。

首先要按照光伏幕墙标准化管理要求,委托专业的运行维护(以下简称运维)单位建立各类管理制度和编制运行与维护规程,健全光伏幕墙系统运行、检修、试验等技术标准,完善光伏幕墙系统各类台账、报表等工作。人员管理方面,运维人员应熟悉光伏幕墙系统的工作原理及基本结构,掌握光伏幕墙系统运行维护领域的技术标准规范,并经过安全教育培训及电气专业运维技能培训,获得相关培训合格证书,且健康状况符合上岗条件。为提高光伏幕墙系统的运行效率和运维效果,宜对光伏幕墙系统配备智能化运维监控系统及智能化运维设备。

此外,为保障人身安全,对可能发生事故和危及人身安全的场所均应设置符合现行国家标准的安全标志或涂装安全色。

光伏幕墙运维主要从幕墙清洁和电气系统巡视两个方面考虑。

幕墙清洁建议清洗周期每年不少于 4 次,环境恶劣、污染严重的个别光伏幕墙项目可适当增加清洗次数。对光伏幕墙的清洁宜选择在早晚或阴天进行,不得在四级风力以上及雨天进行。清洁期间应断开电气连接。

电气系统巡视应该重点关注配电室、逆变器、直流汇流箱、交流配电柜、接地及防雷系统和继电保护自动装置等。由专业电工负责电气系统巡视,建议每个月至少巡视4次,并做好巡视记录及问题汇总。

(三)BIPV 的其他形式

除了以上两种应用最广泛的形式,还有其他一些形式,比如光伏车篷、光伏阳光房、光伏遮阳、光伏栏杆、百叶窗式光伏发电系统等。综合来看,所有的 BIPV 安装形式都是根据气候条件、建筑物特点和业主要求来确定的,应做到因地制宜,综合考量发电效率、碳排放等各种因素之后采用综合收益最大的方案。

1.光伏车篷

光伏车篷(图 11-13)就是将光伏和车篷顶结合起来,是光伏与建筑相结合中最为简单的一种。光伏车篷除了能实现传统车篷的遮风挡雨等传统功能外,还能通过太阳能发电给业主带来环保收益。近几年随着新能源汽车的普及,光伏车篷结合充电桩这种新的构造场景需求量不断提升。

图 11-13　光伏车篷

（1）设计要点

光伏车篷的最低高度一般不小于 2.2 m。

设计时应按照《光伏支架结构设计规程》（NB/T 10115—2018）、《建筑结构荷载规范》（GB 50009—2012）等相关规范对光伏车篷的结构荷载进行取值。

要根据停车位选用合适的立柱跨度。

结构支架安装尽量减少焊接、钻孔等现场操作,最好通过螺栓连接实现结构安装。钢结构支架按照相关规范要求做好防腐措施。

选用合适的逆变器以及电缆路径。

（2）工艺流程

光伏车篷系统主要由光伏产品、结构支架、电气组成系统以及防雷接地系统组成。

①光伏产品:光伏产品是光伏系统主要的组成产品,也是收集太阳光的核心构件,通过光伏产品实现将太阳光能直接转换成电能,大量的太阳能光伏产品经过组串联合在一起构成太阳能光伏方阵。

②结构支架:作为光伏车篷的核心结构,各部位的结构尺寸需根据当地基本风压、地面粗糙度、基本雪压,并按照当地太阳高度角计算最佳安装倾角,设计出结构支架各个构件的截面尺寸。

③电气系统:包括汇流箱、逆变器、并网柜、继电保护及监控等部分,最终并网汇集。汇流箱是用于结合逆变器将来自用户设备的低压电压变为高压的交流电源,连接光伏构件方阵和逆变器,同时还兼具防雷和监测电流、电压等功能。直流配电柜可以将总输入直流分为多路,而且每路都有保护装置(熔丝、空开等)、防雷等。并网逆变器除了可以将直流电转换成交流电外,其输出的交流电可以与市电的频率及相位同步,因此输出的交流电可以回到市电。

④防雷、接地系统:包括雷电接收装置、引下线、接地装置等。支架通过钢柱接地与水平接地体之间采用热镀锌扁钢连接,形成避雷接地网,防止发生人身伤亡以及造成电气系统的损坏。

（3）施工注意内容

①基础部分：根据结构设计图的立柱布置位置挖建基坑。根据光伏车篷的受力方式，主要为车篷的各个立柱点受力，可以根据受力特点，挖建基坑，浇筑钢筋混凝土独立基础，混凝土基础顶部设置预埋螺栓与支架相连。光伏车篷剖面图见图11-14。

②光伏支架：采用单坡单立柱的结构支架形式，安装的倾角为15°，最低端的离地高度为2.5 m。立柱通过螺栓与混凝土基础进行连接。钢梁和立柱都采用H型钢，连接方式是通过高强度螺栓进行连接。钢梁需要承受上部檩条及光伏板传递的荷载，作为主要的承重构件，需要保证钢梁的强度和稳定性。檩条的设置主要是为了光伏板的铺设，采用钢方管或者C型钢，布置在H型钢梁的上翼缘，钢梁上翼缘在出厂前焊有角钢。整个光伏支架无须现场焊接。

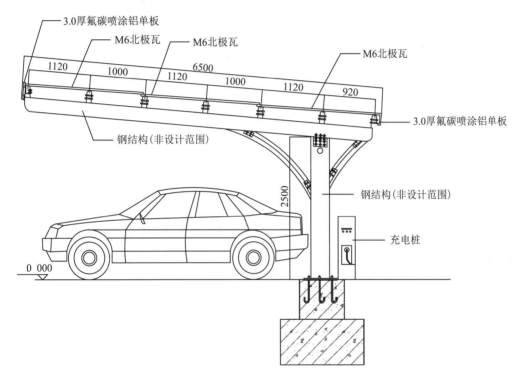

图11-14　光伏车篷剖面图

③屋面光伏系统：光伏板的连接通过铝合金压块方式固定，每一块光伏瓦通常采用两个压块。在两块光伏板的拼接处加装了铝合金盖板，这样不仅美观，还可以保证良好的防水性能，安全稳定且安装方便。

2.光伏阳光房

近年来，越来越多的人选择在别墅、露台或自建房搭建阳光房，实现享受阳光、亲近自然的目的。而光伏阳光房（图11-15）则是在传统阳光房的基础上再增加光伏发电的功能。光伏阳光房铺设的光伏板能够起到很好的遮阳隔热作用，光伏发电可供自家使用，余电上网能够创造收益，一举多得。目前市场上有多家专业公司推出了光伏阳光房的定制式服务。

图 11-15　光伏阳光房

针对阳光房的建造,需要进行以下工作:首先,阳光房如果并网的话,肯定需要到当地电网公司提交并网申请;其次,此类建设在楼上的阳光房,需要经过物业、所有住户的同意;再次,尤其要留意当地对这类建筑是否有限高规定。

(1)设计要点

光伏阳光房的设计主要聚焦于防水排水、保温隔热、结构安全、防锈蚀、光伏安装朝向、角度,以获取最大的发电效率。

阳光房一般都处于建筑的最高层,在光伏阳光房设计中,安全牢固是第一要求,其次才是美观大方。

(2)工艺流程

确定安装位置→图纸设计→材料准备→主体搭建→系统接线与调试运行。

(3)施工注意内容

①骨架结构:使用氟碳喷涂钢方管按照光伏建材产品的需要焊接钢骨架。焊接前,钢管应做好防锈处理,保证钢管不会锈蚀。焊接过程中应保证钢管连接处焊点饱满,不松动,无缝隙。

②屋面光伏系统:先用双面胶给每块光伏组件定位,在框架与玻璃处先用幕墙专用结构胶密封处理,再用铝合金压块分点固定。光伏产品吊装时,其底部要衬垫木,背面不得受到任何碰撞和重压;产品输出电缆不得发生短路;接通电路后应注意热斑效应的影响,不得局部遮挡光伏组件。

③密封防水:进行密封处理时,顶部光伏板之间采用幕墙专用结构胶密封,以便达到最大限度防水的效果,保证后期不漏雨。密封处理工作必须在阳光充足的天气下进行,下雨天禁止打胶,一旦雨水进入胶中,会造成硅胶难以凝固,即便凝固,胶体也会出现蜂窝状孔隙,造成漏雨。

阳光房的防水设计也很重要,利用阳光房的坡度,将顶面雨水地迅速排出,最大程度降低渗漏的可能性。阳光房属于装配式搭建,应尽可能保证建筑主体的密封性,外加多重防水措施,这样才能从容应对风霜雨雪,滴水渗漏无处可现。

(4)光伏构件的运维

定期巡检:查看光伏板以及接线线路等是否有损坏老化等问题,保证设备正常运行,消除安全隐患。

产品清洗:当光伏板某个局部有鸟粪便等较难去除的污染物时,可用清水对光伏阵列进行局部清洗;若由于清洁间隔时间长或恶劣气候造成光伏组件表面灰尘积累较厚时,需要对光伏阵列进行整体清洗。由运行维护人员根据场址实际情况确定除尘清洗频率。

除雪方案:光伏除雪应人工清理,在工具的选择和操作上尽量柔和,避免对面板造成破坏。建议使用 2 m 以上、前端带塑料刮板的木棍或 PVC 管进行清理,清洗过程中不得敲打光伏组件面板。

五、BIPV 设计与建筑美学的融合案例

纵观中国建筑发展史,在不同时期、不同阶段的建筑有不同的建造手段、建造材料、建造模式,每个时期都在进行着不断的革新,比如夏至春秋战国时期,台榭式高层建筑较多出现,砖瓦材料大量使用;在秦汉时期,优化了下水管道设计、砖瓦材质工艺等,有了一定的科学统一,体现了秦汉时期人们对建筑美学及科学的追求;隋唐时期的建筑外观强调整体和谐,突出主体的空间组合发展,表现在建筑科学更贴近"以人为本"的居住舒适度上;明清时期的建筑多规模宏大、气势雄伟磅礴,造型严谨细致,建造技术更为稳定;改革开放后,中国建筑迎来了现代化的狂风暴雨般的冲击,缔造出具有中国特色的现代建筑群,标志着中国建筑走向了现代化。

综上所述,建筑美学呈现时空的转换特性,主要与政治、经济、文化的发展密切相关。现如今,随着生活水平的提高,人们对舒适生活的要求提高,导致建筑用能不断增长,该需求与应对环境剧变和资源短缺而提出的节能要求之间的矛盾日益凸显。为减少建筑能耗,提高建筑可再生能源利用效率,BIPV 成为实现建筑行业和能源行业可持续发展的必由之路,而 BIPV 也必将为建筑美学带来革新。

革新虽是必然,但不代表着颠覆,如何将 BIPV 与建筑美学相融合是 BIPV 设计的重中之重,也是时代对建筑师提出的新要求。

(一)屋面 BIPV 设计案例

1.北京世界园艺博览会中国馆

北京世界园艺博览会中国馆是一个集绿色、环保、节能于一体的场馆建筑,其屋顶采用透光太阳能光伏为建筑提供绿色能源,既保有自然光线,又在冬季实现了室内保温。北京世界园艺博览会中国馆的钢结构屋面一共安装有 1 024 块光伏玻璃,每块玻璃的尺寸弧度都是定制的,能够更好地适应建筑的形态走势。

2.雄安商务服务会展中心

本项目(图 11-16)采用铝镁锰直立锁边金属屋面系统,由下至上分别为 220 mm×70 mm×20 mm×2.5C 型檩条,0.8 mm 厚镀铝锌穿孔压型彩钢板,无纺布,80 mm 厚玻璃纤维吸音棉,容重 24 kg/m³、12 mm 厚水泥纤维板,1.5 mm 厚非外露 PVC 防水卷材(聚酯网

布内增强），1.0 mm 直立锁边防水锤纹铝镁锰合金屋面压型板，氟碳处理。其中防水卷材粘接在水泥纤维板上，保证了防水卷材的平整度及防水性能。

注：铝镁锰直立锁边金属屋面系统是基于直立锁边咬合设计的特殊板形的金属板块。采用隐藏于屋面下的支撑方式，稳固的支撑板块结构，无须穿出屋面表层，在屋面上看不见任何穿孔。屋面板块的连接方式是采用特有的铝合金形固定支座，板块与板块的直立锁边咬合形成密合的连接，而咬合边与支座形成的连接方式可解决因热胀冷缩所产生的板块应力，板块之间无任何潜在漏水的搭接缝，可保证完全的防水，拥有可制作纵向超长尺寸的板块而不受应力影响而变形的优势。

该项目拥有国内首个大面积陶瓦与太阳能光伏板穿插设计大型屋面（图 11-17）。屋面大面积采用传统工艺材料陶瓦，具有良好的保温隔热功能，太阳能光伏板则为建筑持续提供清洁能源。传统建筑材料与新型能源材料相遇，以传统形式承载最新低碳环保理念，该建筑成为雄安新区绿色建筑理念的缩影。屋面陶瓦及光伏系统位于铝镁锰金属屋面上方，其龙骨通过 T 形固定支座及特制的转接型材固定。

图 11-16　雄安商务服务会展中心

图 11-17　雄安商务服务会展中心 BIPV 屋顶

（二）外墙 BIPV 设计案例

1.丹麦哥本哈根国际学校

丹麦哥本哈根国际学校采用的太阳能光伏系统设计可满足学校大部分用电需求。学校建筑独特的立面设计被 12 000 块太阳能光伏板所覆盖,其富有设计感,具有一定倾角的太阳能板如同鳞片一般在阳光下闪耀。太阳能电池板覆盖建筑面积达到 6 048 m²,年发电量高达 200 MW。另外,光伏作为建筑表皮除了具有优异的建筑产能特性外,还为建筑带来了良好的保温隔热性能,使得建筑能耗大幅减低。

2.嘉兴科技创业服务中心

嘉兴科技创业服务中心项目立面结合建筑立面的肌理特征,设计将两种系统整合为一个复合系统,一是以碲化镉薄膜光伏玻璃与钢化中空玻璃结合构成的可发电的光伏幕墙系统,二是调节可控的自然通风幕墙系统。在平面上将部分幕墙做出倾角形成锯齿状的"鱼鳞窗"(图 11-18),并在"鱼鳞窗"侧向设置通风窗,外侧设铝合金百叶,内侧为可手动开启的窗扇。这种通风方式在保证室内通风效果的同时,避开了正面的风压,也避免了因开启扇不规则而对建筑立面的影响。

图 11-18　锯齿状的"鱼鳞窗"幕墙

3.大同未来能源馆

大同未来能源馆(图 11-19)是我国首例已竣工的具备"正能建筑"水平的大型展馆,其建筑光电幕墙设计发电装机容量达到 1 MW,并在设计上同时达到"超低能耗建筑""绿色建筑三星""LEED 金级"及"健康建筑"四个认证标准要求,建筑形象的塑造通过多角度展现"升腾的能量云"的意匠内涵,完美诠释了"云端上的正能量"这一创作理想和时代精神。

图 11-19　大同未来能源馆

实现建筑光伏一体化的光电幕墙运用动感强烈的菱形亮银色金属格构及定制设计的银白色光伏面板,菱形格构尺度设计充分适应光伏面板的标准模数,面板在垂直方向上的组合排列着意创造出下密上疏的渐变效果,幕墙角部更以半菱形格构为单元做切削透叠处理,塑造出轻盈舒展通透灵动的"云端"形象。

(三)光伏玻璃栈道——重庆大观园乡村旅游综合服务示范区

重庆大观园乡村旅游综合服务示范区(图 11-20)的光伏玻璃栈道采用 96 块光伏玻璃拼接而成,全长 63 m,总面积约 212 m²,最大的一块光伏玻璃宽 1.3 m、长 1.75 m。在阳光照射下,光伏玻璃栈道随着观看角度的不同,会呈现出不同颜色。站在栈道上,游客还可以远眺生态大观园的自然风光及田园景色。该光伏玻璃栈道是国内首个图案透光彩色光伏发电玻璃栈道。不同于其他普通的玻璃栈道,该光伏玻璃栈道采用了透光碲化镉薄膜发电玻璃,表面覆有纳米涂层彩虹图案,能在太阳光透过玻璃时形成颜色渐变效果。

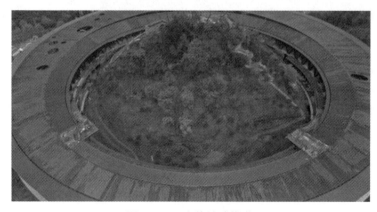

图 11-20　光伏玻璃栈道

六、BIPV 的发展趋势

(一)不断丰富应用场景

BIPV 发展应拓宽应用场景。我国 BIPV 处于高速发展阶段,而 BIPV 的应用目前主要聚焦在建筑屋面。未来 BIPV 发展应在现有成果的基础上不断丰富应用场景,将光伏与建筑更好地融合,进一步实现光电建筑。

(二)美观和发电效率并举

BIPV 发展应兼顾美观与高效。建筑属于艺术领域,追求宜居、美观;光伏属于工业领域,追求安全、高效。让 BIPV 美观与效率兼顾是未来两个领域共同努力的方向。

(三)基于性价比的适用性

BIPV 发展应考虑经济适用性。BIPV 发展受限于其高昂的成本,尤其涉及项目需要产品定制时,成本更是会增加。未来随着光伏技术逐渐成熟,BIPV 产量逐渐增加,BIPV 产品及设计的标准化,相信 BIPV 成本会逐步降低,在项目中的应用会更加广泛。

(四)建筑师要深度参与 BIPV 设计

BIPV 最终要服务于建筑,保证居住者的舒适度和建筑的和谐美观,需要建筑师深度参与到 BIPV 设计中来。未来建筑师应着眼于 BIPV 设计,提升相关设计能力,充分了解 BIPV 产品甚至参与 BIPV 产品研发,只有更了解 BIPV 产品才能更好地将其应用于建筑中来。

第四篇

建筑能耗模拟软件及监测

第十二章 建筑能耗模拟软件的应用分析

不同于传统节能建筑的规定性指标,《近零能耗建筑技术标准》(GB/T 51350—2019)以室内环境参数和能效指标作为评价指标,强调性能化设计,给建筑设计提供了创作空间,同时也对建筑能耗模拟的准确性提出了更高要求。针对能耗模拟的准确性,相同人员采用不同软件和不同人员采用相同软件的计算结果也会有一定的差异,这就要求模拟人员不仅要熟悉项目信息,也要对模拟软件充分了解和熟练掌握。经过调研,本书主要针对目前在超低能耗领域应用较为广泛的 PHPP、DeST、爱必宜(IBE)、PKPM、DB、斯维尔(PHES)和天正等软件进行简要介绍,同时结合实际案例采用四款主要软件进行计算和分析,来总结不同软件的优点和不足,为从业者提供应用建议。

一、主要软件简介

(一) PHPP

被动房规划设计软件包 PHPP(Passive House Planning Package)是由德国被动房研究所(PHI)开发的稳态能耗计算软件,被英国环保建筑协会低碳标准和德国被动房标准指定为专门计算工具。PHPP 主要包含建筑围护结构传热系数(U 值)的计算、门窗等组件参数工作表、通风工作表、建筑供暖负荷和制冷负荷平衡计算、热水系统工作表、光伏发电量计算及建筑用电量计算等,其核心是一张结构复杂的 Excel 工作表。通过 SU(SketchUp)和 Design PH 建立建筑模型并输入围护结构参数和完成建筑能耗面积(TFA)计算,借助插件将模型信息导出到 PHPP,最后在 PHPP 中完善和优化建筑设计参数,为设计师提供可靠的设计依据。

(二) DeST

DeST(Designer's Simulation Toolkit)是清华大学建筑技术科学系环境与设备研究所在自主知识产权基础上,经十多年研究开发出来的建筑环境系统设计模拟分析软件,目前已成为比较完善的设计分析软件,包括 DeST-C、DeST-H、DeST-E、DeST-R、DeST-S、DeST-I 和 DeST-T 等 7 个软件版本,常用的有 DeST-H 和 DeST-C。DeST-H 主要用于住宅建筑热特性的影响因素分析、住宅建筑热特性指标的计算、住宅建筑的全年动态负荷计算、住宅室温计算、末端设备系统经济性分析等领域。DeST-C 是针对商业建筑特点推出的专用于商业建筑辅助设计的版本,根据建筑及其空调方案设计的阶段性,DeST-C 对商业建筑的模拟分成建筑室内热环境模拟、空调方案模拟、输配系统模拟、冷热源经济性分析几个阶段,对应地服务于建筑设计的初步设计(研究建筑物本身的特性)、方案设计(研究系统方案)、详细设计(设备选型、管路布置、控制设计等)阶段,根据各阶段设计模拟分析反馈以指导各阶段设计工作。图 12-1 为 DeST 加载器。

图 12-1　DeST 加载器

(三)爱必宜(IBE)

IBE 软件是由中国建筑科学研究院有限公司开发的能耗分析软件,软件基于 ISO 13790 的准稳态计算方法,包含超低、近零以及零能耗建筑设计阶段能耗、性能指标计算及方案评估等功能,能够计算建筑全年累计冷热负荷、暖通空调系统能耗、生活热水系统能耗、照明系统能耗以及可再生能源系统产能,计算范围覆盖建筑生命周期内运行能耗的主要部分,同时考虑超低、近零能耗建筑对气密性、无热桥、性能化设计等要求。最新版软件依据《近零能耗建筑技术标准》(GB/T 51350—2019)的性能要求对建筑进行评估,并能够生成符合认证要求的报告。图 12-2 为 IBE 操作界面。

图 12-2　IBE 操作界面

(四)PKPM

PKPM 被动式超低能耗系列软件由中国建筑科学研究院有限公司和北京构力科技有限公司组织研发,是服务于被动式超低能耗建筑领域的建筑性能模拟分析软件,采用动态计算方法。该软件依据国内被动式低能耗标准和近零能耗标准的要求开发,可对超低能耗建筑、零能耗建筑进行性能化设计与分析,可提供建筑全生命周期的年供暖需求(全年累计热负荷)和供冷需求(全年累计冷负荷)分析、供冷供热能耗分析、照明系统能耗分析、可再生能源能耗及生活热水能耗分析等。图 12-3 为 PKPM 计算模块。

图 12-3　PKPM 计算模块

（五）DB

DB（DesignBuilder）是英国 DesignBuilder 公司开发的基于建筑能耗动态模拟程序 Energyplus 的综合用户图形界面建筑模拟软件，通过与美国环境部开发的建筑能源模拟程序 Energyplus 的联动，可对模型进行光、温度、CO_2 等的环境模拟，是一款从规划阶段开始便考虑环境的节能型建筑设计软件。DB 采用易于操作的 OpenGL 三维固体建模器建模，用户通过数据模板可以导入一般的建筑结构参数，人员活动、HVAC 和照明系统的设置可以通过下拉菜单来选择，用户也可以根据自己的模型特点创建特定的数据模板，模型整体的设置可以做全局改动，也可以在特定的区域或面上改动细节，使模型内部的设置更符合实际需要。可输出的模拟结果包括建筑能耗、室内空气温度、舒适度、通过建筑围护结构的传热量、CO_2 产生量、供暖或制冷设备的容量和参数平行分析等，适用于建筑师、施工工程师、能源咨询公司、学生等。

（六）斯维尔（PHES）

超低能耗计算 PHES 软件由绿建斯维尔研发，软件构建于 AutoCAD 平台，采用自定义对象快速建立三维热工模型，模型可与节能软件共用，支持国家《近零能耗建筑技术标准》（GB/T 51350—2019）及其他地方标准，专业用于超低能耗/近零能耗建筑的设计、计算、评价。总体来说，引起耗冷耗热量的因素为围护结构传热、太阳辐射得热、新风负荷以及室内发热量等方面，与气象、建筑形体、热工、空间划分等有着复杂的关系，软件还提供了详细的分析对比功能。特别在居住建筑耗热耗冷量有限值要求的时候，方便进行分析和预测节能的潜力。公共建筑对集中空调系统及运行节能能力的要求较高，软件能够提供全年负荷排序及部分负荷区间时数统计分析，支持调整集中冷热源容量试算不满足时数及部分负荷区间运行时长，协助用户分析运行策略。

（七）天正

天正被动式超低能耗建筑分析软件是基于中国建筑科学研究院自主研发的 IBE 计算核心开发的，解决了 IBE 建模复杂以及不可视的问题。该款软件简单方便，易学易用，用户可以低成本、高效率地对建筑物年冷热负荷、能耗、一次能源消耗量、建筑碳排放量、可再生能源产能量及其减碳量等进行计算。天正被动式超低能耗建筑分析软件可与天正节能软件、天正日照软件共用天正建筑模型数据。

二、软件模拟结果对比

为了对比不同软件之间的差异性，现以夏热冬冷地区某公建项目和寒冷地区某住宅项目为例，运用 PHPP、IBE、DeST 和 PKPM 对该建筑进行全年累计耗冷量、耗热量计算和能耗模拟计算。

（一）案例一

1.模型信息

位于夏热冬冷地区的某公建项目,地上建筑面积 3 749.53 m²,建筑高度 14.80 m,建筑内部分南、北两大功能区,南区为三层,主要提供活动室、会议室等功能,北区为一层大挑空结构的多功能活动区。

围护结构信息:外墙传热系数 0.15 W/(m²·K);屋面传热系数 0.15 W/(m²·K);地面传热系数 0.28 W/(m²·K);外窗传热系数 1.0 W/(m²·K);天窗传热系数 1.5 W/(m²·K);气密性 N_{50} = 0.17 h⁻¹。

机电系统:空调系统为新风空调一体机+辐射板,南区每层新风量 2000 m³/h(无循环风),合计新风量 6000 m³/h,北区新风量 6000 m³/h(3 台设备,新风量 2000 m³/h+循环风2000 m³/h);生活热水为即热式电热水器;照明系统采用节能灯具;无电梯。

2.计算结果

根据《近零能耗建筑技术标准》(GB/T 51350—2019),建筑能耗包括供暖、供冷、照明、生活热水和电梯系统能耗,本项目无电梯系统能耗。运用四种软件分别计算全年累计耗冷量、耗热量,详细结果汇总见表 12-1,建筑能耗结果汇总见表 12-2。

表 12-1 案例一全年累计耗冷量、耗热量结果汇总 单位:kW·h/(m²·a)

内容	PHPP	IBE	DeST	PKPM
全年累计耗热量	9.61	1.68	8.28	13.43
全年累计耗冷量	13.01	25.15	20.21	14.89

表 12-2 案例一建筑能耗计算结果汇总 单位:kW·h/(m²·a)

采用软件	供暖能耗	供冷能耗	照明能耗	热水能耗	总能耗
PHPP	18.24	20.49	9.05	0.91	48.69
IBE	1.35	34.90	18.90	25.07	80.22
DeST	15.98	24.08	12.41	0.64	53.11
PKPM	65.63		16.35	0.31	82.29

（二）案例二

1.模型信息

位于寒冷地区的某居住建筑项目,建筑面积 5076.34 m²,套内使用面积为 3881.82 m²,建筑高度 21.85 m。共两个单元,1~4 层每单元两户,5~7 层每单元 1 户,共 22 户,套型面积为 170~205 m²。地下夹层图纸上为设备间,计算时按照普通住宅考虑,地下一层只有核心筒参与计算。

围护结构信息:外墙传热系数 0.18 W/(m²·K);屋面传热系数 0.15 W/(m²·K);地面传热系数 0.31 W/(m²·K);外窗传热系数 1.0 W/(m²·K);气密性 N_{50} = 0.6 h⁻¹。

机电系统:每户空调系统采用新风空调一体机,新风量为 180/300 m³/h,循环风量 600 m³/h,制冷量 5.1 kW,制热量 6.2 kW;生活热水系统为户式燃气热水器;照明系统采用节能灯具;电梯采用变频变压调速 VVVF 拖动技术,电梯无外部召唤且电梯轿厢内短时间无预设指令时,应自动关闭轿厢照明及风扇。

2.计算结果

运用四种软件分别计算建筑全年累计耗冷量、耗热量和建筑能耗。全年累计耗冷量、耗热量详细计算结果汇总见表 12-3,建筑能耗计算结果汇总见表 12-4。

表 12-3 案例二全年累计耗冷量、耗热量结果汇总 单位:kW·h/(m²·a)

内容	PHPP	IBE	DeST	PKPM
全年累计耗热量	11.67	7.90	7.32	5.91
全年累计耗冷量	19.58	14.81	22.48	20.26

表 12-4 案例二建筑能耗计算结果汇总 单位:kW·h/(m²·a)

采用软件	供暖能耗	供冷能耗	照明能耗	电梯能	热水能耗	总能耗
PHPP	22.38	20.87	2.46	2.14	12.55	60.40
IBE	9.29	23.63	12.23	3.80	16.13	65.08
DeST	15.50	80.31	17.65	5.81	14.31	133.58
PKPM	47.52		16.70	4.43	13.31	81.96

(三)差异性分析

1.累计耗冷量、耗热量差异

从表 12-1 和表 12-3 全年累计耗冷量、耗热量计算结果可以发现,不同软件的计算结果差距较大。产生差异性的原因主要有以下几点:

(1)人为因素。四款软件的操作人员不同,即使对项目本身有一定的了解,但是在一些细节性的输入上不可能做到完全一致,对计算结果会产生一些影响。

(2)软件计算内核因素。PHPP 和 IBE 为稳态计算方法,符合《近零能耗建筑技术标准》(GB/T 51350—2019)对计算方法的规定。DeST 和 PKPM 采用的动态计算方法,符合《建筑节能与可再生能源利用通用规范》(GB 55015—2021)和《民用建筑供暖通风与空气调节设计规范》(GB 50736—2012)的计算要求,计算方法的不同也会影响计算结果。

(3)除 PHPP 软件外,其他三款软件可对建筑内部空调房间和非空调房间进行区分,同时也可结合实际使用时间,设定相应的空调启停时间和温湿度,而 PHPP 是对整个建筑内部温湿度做了统一处理,即全年温度均处于 20~26 ℃之间(在进行对比时已将原本软件规定的 25 ℃改为 26 ℃),绝对含湿量不超过 12 g/kg_干,不区分严格的冬、夏季以及过渡季节,从而对负荷计算产生影响。

（4）运行新风量的不同会使负荷计算结果不同。PHPP 对新风量的控制类似分挡调节，IBE 无法设置新风量以及控制原则，DeST 和 PKPM 新风量可随室内人员密度进行变风量或者定风量设置。

（5）软件室内热扰设置的不同，详见参数敏感性分析部分。

2.建筑能耗差异

表 12-2 和表 12-4 计算结果产生差异的原因主要有以下几点：

（1）供暖能耗和供冷能耗受累计耗冷量、耗热量的影响，即影响全年累计耗冷量、耗热量的因素也会对供暖能耗和供冷能耗产生影响。

（2）两个案例中空调系统形式相对较为新颖，不同软件中空调系统形式的选择有局限性，计算时只能选择各软件中较为接近的空调系统形式，由此对供暖和供冷能耗计算产生一定影响。尤其是居住建筑多为分散式空调系统，在 DeST 软件中无法设置小容量空调系统如户式多联机系统，由此可能会造成如表 12-4 中空调能耗较高的情况。

（3）PHPP 相对于 IBE、DeST 和 PKPM，在照明能耗方面计算结果偏小，可能和软件内部照明作息设定有关，即和实际照明时长、灯具开启率有关。

（4）模拟案例一生活热水形式为即热式电热水器，PHPP 和 DeST 可以计算分散式电加热热水，PKPM 和 IBE 选择相对接近的电锅炉形式，其中 IBE 无法设置热水用量导致结果相差较大；而案例二为传统居住建筑，即使 IBE 无法设置热水用量，但是居住建筑热水用量相对于公建更加明确，因而计算结果的一致性较好。

三、参数敏感性分析

基于本章所列案例以及日常软件使用经验，对软件计算结果的敏感性因素进行总结如下：

（一）建筑外围护结构参数

当不透明外围护结构的传热系数改变时，四款软件的全年累计热负荷指标均会改变，全年累计冷负荷指标变化很小或基本不变，其中 PHPP 的热需求（即全年累计热负荷指标）对不透明围护结构传热系数最为敏感，而外窗的一些参数如 SHGC 值（太阳得热系数）或 g 值（玻璃得热系数）对全年累计耗冷量、耗热量均有影响。

（二）内部热扰

从表 12-1 和表 12-3 计算结果可以发现，四款软件的全年累计耗冷量、耗热量均出现了不同程度的差异，根据经验推测，软件对室内热扰设置的敏感度不同。PHPP 的内扰设置，包括人员、照明、设备、辅助用电以及使用冷水产生的热损失；IBE 中只有照明功率密度可调，其他内扰因素由房间功能决定（不能调整，图 12-4）；DeST 软件中人员密度、照明密度、设备功率密度均可调整，同时有对应的作息设置（图 12-5）；PKPM 的设置与 DeST 类似。在进行热扰相关的参数设置时，应严格按照建筑实际使用情况输入，避免计算结果的失真。

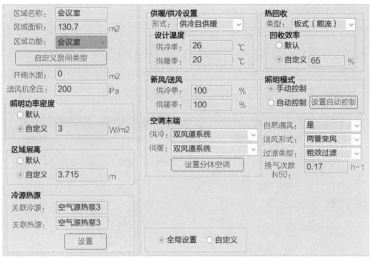

图 12-4　IBE 房间内部参数输入

图 12-5　DeST 内扰设置

（三）气密性

四款软件对气密性的影响均较为敏感，项目前期能耗计算一般以《近零能耗建筑技术标准》（GB/T 51350—2019）规定的气密性限值进行计算，后期可根据项目竣工后气密性测试结果再进行调整。PHPP 和 IBE 在气密性设置方面类似，需输入 50 Pa 压差下的渗透换气次数，自然通风另行选择设置；DeST 为常压下的渗透换气次数，同时非空调时间的自然通风也可以在渗透换气里进行考虑（房间与外界的通风）；PKPM 的设置为 50 Pa压差下的渗透换气次数，同时无法考虑自然通风。

(四)设备运行作息

PHPP 对设备运行时间的设置相对简单,主要以日运行小时设置为主;IBE 对运行方式的设置同样比较简单(见图 12-6);DeST 软件的运行作息设定是最完善的,可以与建筑实际使用时间保持一致;PKPM 的作息设定与 DeST 类似,做了一些简化处理,运行方式的设定对全年累计冷、热负荷以及各项设备能耗均有影响。

图 12-6 IBE 运行时间设置

四、软件应用建议

(一)软件应用的特点

1.PHPP

PHPP 软件具有计算速度较快、计算逻辑可查及组件计算较为详细等优点,但在使用过程中,也会发现一些和国内标准以及实际使用不相符的情况,主要局限性总结如下:

(1)不同房间不能设置不同的温湿度,如办公建筑走廊温度和办公区域温度不同,在 PHPP 里面无法区分;

(2)建筑内部存在空调区和非空调区,非空调区不计算空调能耗,此时软件就无法满足灵活性设置;

(3)软件无法根据各个地区供冷和供暖的时间进行调整设置。

2.IBE

IBE 软件是针对《近零能耗建筑技术标准》(GB/T 51350—2019)开发的一款软件,整体操作相对简单,易上手,计算速度快,但软件建模较为复杂,需手动输入围护结构信息,不能形成三维模型,如果建筑外形较为复杂,则无法保证模型与实际建筑的相似度,但同时软件也在不断更新,以解决计算中出现的问题。天正超低能耗计算软件基于 IBE 开发,解决了 IBE 建模复杂烦琐的问题,实现了一模多算。

3.DeST

DeST 在四款软件中属于操作相对复杂的一款,计算系统庞大,在科研领域应用较为广泛,计算的准确度较高。在使用中主要存在以下难点:

(1)软件的空调系统输入比较复杂,有时甚至需要专业人员配合。

(2)空调系统形式不全面。如 DeST-H 无法设置常见的户式多联机系统,DeST-C 没有地源热泵选项,同时也无法设置散热器等末端形式。

(3)无太阳能热水系统。《建筑节能与可再生能源利用通用规范》(GB 55015—2021)实施以来,太阳能热水系统设计较为常见,而软件无法实现相应设置。

(4)无可再生能源计算板块,无法进行可再生能源相关计算,需手动计算。

(5)无法进行活动外遮阳的设置,只能借助窗帘进行相似替代。

4.PKPM

PKPM 在建模方式和操作上较为简单,模拟过程有向导式指引。其局限性主要有以下几个方面:

(1)房间参数设置中的渗透风,无法考虑自然通风的情况如夜间通风,只有开关(1/0)设置;

(2)空调房间和非空调房间之间的通风也会影响负荷计算,软件暂时没有考虑这部分影响;

(3)遮阳设置中无活动百叶遮阳设置,也无法考虑建筑之间的遮挡影响;

(4)《近零能耗建筑技术标准》(GB/T 51350—2019)附录 A.1.4 条第 5 款规定,对于表 A.1.4-1 中未包含的建筑类型,基准建筑窗墙比应与设计建筑一致。软件中没有与设计建筑保持一致的设置选项,只能选择相似建筑的窗墙比,可能会存在一些计算误差。

(二)软件适用性建议

结合前期对咨询和设计单位软件使用情况的调研以及项目经验,对四款软件的适用范围做出如下建议:

(1)PHPP 适用于德国 PHI 认证项目,针对国内超低/近零能耗项目认证可能存在一些和标准不匹配的问题,申请国内认证时需预先判断能否使用。

(2)IBE 建模烦琐,使用者可根据自身情况选用。

(3)DeST 对于公建和住宅计算均可使用,但需要评估软件是否能够匹配项目的空调系统,如无对应的空调系统可以考虑能否进行近似替代。

(4)PKPM 在上海地区超低能耗项目中应用较多,同时在设计院的接受度也比较大,使用者可根据项目当地评审情况以及软件自身因素判断是否采用。

(5)参照当地超低能耗标准对软件的要求进行选用。

(三)应用过程注意事项

1.能耗计算软件的负荷计算结果不能用来进行设备选型

在项目设计咨询过程中,经常遇到能耗计算软件中的负荷计算结果能否用来进行空调设备选型等问题,现分析如下:

首先,能耗模拟软件分稳态计算和动态计算两种类型,稳态计算软件是不能进行设备选型的,按照《民用建筑供暖通风与空气调节设计规范》(GB 50736—2012)的要求,负荷计算需为逐时动态计算。

其次,动态能耗模拟软件虽然可以进行全年负荷计算,但软件无法按照《民用建筑供暖通风与空气调节设计规范》(GB 50736—2012)中第 4 章室外设计计算参数进行调整,因而能耗软件的负荷计算不能替代专业的负荷计算软件,同时能耗计算软件的负荷计算结果不能用来作为设备选型的依据。

2.软件操作人员应具备判断计算结果合理性的能力

合理性不止体现在累计冷、热负荷大小以及各项能耗占比的合理,也包括经济上的合理,软件操作人员需能找出问题的原因并做调整,也需要通过计算达到真正优化设计的目标,体现能耗模拟的价值。软件可提供计算结果,但判断的权力在工程师手上。

3.灵活运用软件

任何软件都有一定的局限性,我们需要灵活解决问题。以 DeST 软件为例,虽然软件没有活动外遮阳的设置,但是可以借助百叶窗帘调整里面的参数设置来进行近似替代,同样建筑气密性和自然通风可以通过合理设置房间与外界通风作息进行体现。

4.注意参数输入的区别

以外窗参数为例,PHPP 中的输入为窗户的传热系数 U 值和玻璃的得热系数 g 值;IBE 外窗输入为窗户的传热系数 K 值,以及不区分冬、夏季的太阳得热系数 SHGC 值;DeST 窗户传热系数与太阳得热系数输入与 IBE 一致;PKPM 为窗户传热系数以及玻璃的冬、夏季太阳得热系数。同理,渗透参数的输入也要注意是 50 Pa 压差下的渗透还是常压下的渗透。

5.基准建筑

公建项目在进行超低/近零能耗认证时需进行建筑综合节能率的计算,其中涉及基准建筑能耗值,PHPP 和 DeST 需要按照《近零能耗建筑技术标准》(GB/T 51350—2019)对基准建筑设置的要求进行建模计算,IBE 和 PKPM 已内置基准建筑。

五、总结

能耗模拟软件在设计前期起着决定性的作用,它决定了保温厚度到底应该做多少、窗户的传热系数选多少、选用哪种空调系统更节能以及影响最后项目资金投入等。不管采用哪款模拟软件,能耗模拟的原则是确保计算结果的正确性,如果想要验证模拟结果是否有偏差,可进行模型参数的检查或用其他软件进行验算,目前很多软件也在不断升级。一定的专业基础再加上对软件的熟练掌握才能做到对计算结果负责,对项目负责,否则再好的计算结果,一旦脱离实际也就失去了意义。

超低能耗建筑全过程实施

第十三章　室内环境与能耗监测系统

　　自 2022 年 4 月 1 日开始实施的《建筑节能与可再生能源利用通用规范》(GB 55015—2021)，把碳排放计算作为强制性内容。住房和城乡建设部、国家发展改革委制定的《城乡建设领域碳达峰实施方案》中指出：推进公共建筑能耗监测和统计分析，逐步实施能耗限额管理。未来，无论从建筑节能角度还是从国家双碳战略目标层面，建筑能耗及碳排放数据的统计、分析将是非常重要的基础性工作。

　　室内环境与能耗监测系统便是支撑数据采集与统计的主要工具，系统地建立建筑、园区、区域、城市乃至国家级的能源监测系统，真实、充分、及时地获取有关数据，将为各级政府主管部门在制定节能降碳目标，发展规划、工作计划及政策法规和标准规范时，提供有效的数据支撑。

　　在建筑智能化管理系统中，为大家所熟知、应用较为普遍的便是建筑设备自动化系统，又称楼宇自控系统(BA 系统)。BA 系统是指综合应用传感器、通信、自动控制等技术，实现建筑物内各系统或设备的有效运行和控制，保证建筑安全可靠、节能高效地运行。目前在实际应用中，BA 系统多指利用 DDC(直接数字控制器)或 PLC(可编程逻辑控制器)对建筑内空调、通风、照明、电梯等系统进行自动化控制管理。可见 BA 系统的管理对象主要为系统或设备。不同于 BA 系统，建筑环境与能源监测系统关注的是建筑本身的运行状态，它不仅可以作为 BA 系统管理的依据，同时还是验证 BA 系统运行效果的有力工具。本章主要围绕超低能耗建筑中室内环境与能耗监测系统的功能、架构等主要技术问题进行探讨。

一、超低能耗建筑室内环境和能耗监测系统的功能要求

　　超低能耗建筑在提供舒适室内环境的基础上，能最大程度地降低能源需求。超低能耗建筑强调以结果为导向，尤其重视实际使用效果，即室内环境效果和节能效果。《近零能耗建筑技术标准》(GB/T 51350—2019)第 7.1.38 条规定：应设置室内环境质量和建筑能耗监测系统，对建筑室内环境关键参数和建筑分类分项能耗进行监测和记录。该标准还对公共建筑和居住建筑的用能计量和室内环境监测提出了具体要求。

(一)室内环境监测

　　表征环境热舒适环境的参数主要是建筑室内温度和相对湿度，《近零能耗建筑技术标准》(GB/T 51350—2019)具体要求如表 13-1 所示。

表 13-1　建筑主要房间室内热湿环境参数

室内热湿环境参数	冬季	夏季
温度/℃	≥20	≤26
相对湿度/%	≥30	≤60

居住建筑室内噪声昼间不应大于 40 dB(A)，夜间不应大于 30 dB(A)，其他建筑类型的室内噪声级均应符合相关标准中允许噪声级的最高值。

另外，对居住建筑和公共建筑的新风量作出了规定，用以保证室内空气质量。关于室内空气质量，要满足现行国家标准《建筑环境通用规范》(GB 55016—2021)、《民用建筑工程室内环境污染控制标准》(GB 50325—2020)、《室内空气质量标准》(GB/T 18883—2022)等规定。

《建筑环境通用规范》(GB 55016—2021)第 5 章"室内空气质量"中规定，工程竣工验收时，室内空气污染物浓度限量应符合表 13-2 的规定。

表 13-2　室内空气污染物浓度限量

污染物	I 类民用建筑工程	II 类民用建筑工程
氡/(Bq/m³)	≤150	≤150
甲醛/(mg/m³)	≤0.07	≤0.08
氨/(mg/m³)	≤0.15	≤0.20
苯/(mg/m³)	≤0.06	≤0.09
甲苯/(mg/m³)	≤0.15	≤0.20
二甲苯/(mg/m³)	≤0.20	≤0.20
TVOC/(mg/m³)	≤0.45	≤0.50

《民用建筑工程室内环境污染控制标准》(GB 50325—2020)同样要求工程在竣工验收时必须进行室内环境污染物浓度检测，浓度限值应符合规定，且污染物种类和限制要求与《建筑环境通用规范》(GB 55016—2021)相同。

《室内空气质量标准》(GB/T 18883—2022)中规定的污染物种类较多，包含了上文提到的氡、甲醛、氨、苯、甲苯、二甲苯、TVOC 等，还纳入了如 CO_2、PM_{10}、$PM_{2.5}$、O_3 等大众较为熟悉和关注的空气种类，标准按照物理性、化学性、生物性及放射性对空气质量参数进行分类，部分参数指标及要求如表 13-3 所示。

表 13-3　室内空气质量指标及要求

序号	指标分类	指标	计量单位	要求
1	物理性	温度	℃	22~28(夏)
				16~24(冬)
2		相对湿度	%	40~80(夏)
				30~60(冬)

序号	指标分类	指标	计量单位	要求
3	化学性	臭氧（O_3）	mg/m^3	≤0.16
4		二氧化碳（CO_2）	%	≤0.10
5		氨（NH_3）	mg/m^3	≤0.20
6		甲醛（HCHO）	mg/m^3	≤0.08
7		苯（C_6H_6）	mg/m^3	≤0.03
8		甲苯（C_7H_8）	mg/m^3	≤0.20
9		二甲苯（C_8H_{10}）	mg/m^3	≤0.20
10		TVOC	mg/m^3	≤0.60
11		PM_{10}	mg/m^3	≤0.10
12		$PM_{2.5}$	mg/m^3	≤0.05
13	生物性	细菌总数	CFU/m^3	≤1500
14	放射性	氡	Bq/m^3	≤300

可见，不同的标准对室内空气质量的要求不同，《建筑环境通用规范》（GB 55016—2021）与《民用建筑工程室内环境污染控制标准》（GB 50325—2020）强调在工程验收时对室内空气质量的要求，《室内空气质量标准》（GB/T 18883—2022）未强调检测时间，可认为是一般性要求，即一般情况下，室内空气质量均应符合该标准要求。

此外，《近零能耗建筑技术标准》（GB/T 51350—2019）第 7 章"技术措施"中提到，新风机组的运行控制宜根据室内 CO_2 浓度变化实现相应的设备启停、风机转速及新风阀开度调节等，可见 CO_2 不仅是表征室内空气质量的重要参数，同时还是设备运行控制的输入参数，因此 CO_2 是室内环境监测中必不可少的一项重要参数。该标准第 8 章"评价"中还要求，室内环境检测参数除了室内温度、相对湿度外，还应包括室内 $PM_{2.5}$ 含量和室内环境噪声，公共建筑室内环境参数还宜包括 CO_2 浓度。

综合考虑标准规定、检测方法、仪器设备、生活习惯及实施成本等多方面的因素，针对建筑室内空气质量的监测内容，笔者认为除了温度、相对湿度、噪声以外，还应包括 CO_2、甲醛、TVOC、$PM_{2.5}$ 等参数，这样才能对建筑室内热舒适与空气质量等问题做出整体的把握，进而对建筑运行方案的选择和执行提供决策的依据，为建筑运行调适提供科学准确的数据支撑。

（二）建筑能源监测

可再生能源应用是超低能耗建筑设计的重要技术措施，对于超低能耗建筑不仅要关注各系统的能源消耗，还要重视建筑本身的产能，因此，对超低能耗建筑应该进行包含系统耗能和可再生能源产能在内的建筑能源监测，而非仅是建筑能耗监测。

《近零能耗建筑技术标准》（GB/T 51350—2019）采用能效指标判别建筑所达到的节能水平，能效指标中能耗的范围为供暖、通风、空调、照明、生活热水、电梯系统的能耗和可再生能源利用量。在标准给出的能效指标计算方法中,要求能效指标计算软件应能计算建筑供暖、通风、空调、照明、生活热水、电梯系统的能耗和可再生能源系统的利用量及发电量。

该标准的"监测与控制"章中还规定,公共建筑应按用能核算单位和用能系统,以及用冷、用热、用电等不同用能形式进行分类分项计量。居住建筑应对公共部分的主要用能系统进行分类分项计量,并宜对典型户的供暖供冷、生活热水、照明及插座的能耗进行分项计量。当采用可再生能源时,应对其进行单独计量。当工程项目包含数据中心、食堂、开水间等特殊用能单位时,应对其进行单独计量。建筑能耗监测工作应对冷热源、输配系统、照明系统等关键用能设备或系统能耗进行重点计量监测。

综上,对于一般项目而言,超低能耗建筑针对能耗的监测应包含供暖、空调、通风、照明、生活热水、电梯系统的用能量,以及对可再生能源系统的利用量等参数。遇到有特殊用能情况的项目,还应针对特殊用能单位的特点,针对性地开展能耗监测。

二、超低能耗建筑室内环境与能耗监测系统

随着楼宇自动技术、智能家居及物联网技术的发展,尤其是近年来云计算技术的推广,各种监测和控制系统层出不穷。经过市场的验证和筛选,逐步形成了比较成熟的系统架构及技术形式,同时还在不停地升级和演变。

(一)系统架构

通过调研,发现不同品牌的监测系统产品对系统架构有不同的划分和命名方法,但其实际功能和作用大同小异,整体来看,监测系统一般包含感知层、网络层、服务层、应用层等4层架构,如图13-1所示,每一层级分别发挥不同的功能,各层级协同工作,共同支撑起完整的系统正常运转。

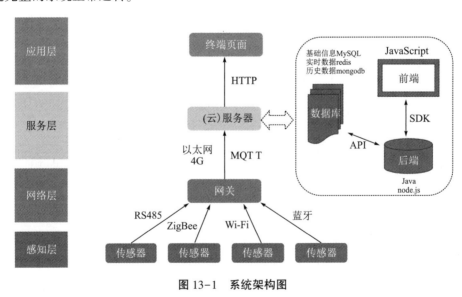

图 13-1　系统架构图

1.感知层

感知层的作用是从物理世界获取信息,直接连接物理世界和信息世界。感知层包含的主要是各类传感器,如温湿度传感器、CO_2 传感器等。传感器是连接物理世界与数字世界的重要媒介,在数字化、信息化的过程中具有重要的作用。传感器一般由敏感元件、转换元件和基本电路组成,敏感元件直接感受被测量,转换元件将敏感元件的输出转换为电路参数,基本电路将电路参数转换成电量输出,实现物理世界的被感知信息转换为电路信息。感知层的传感器就像人体的皮肤,是数据信息的主要来源,也是监测系统的基础。除此之外,摄像头、手机、智能手环等也都可以作为感知设备。

2.网络层

网络层的作用是将感知层获取的信息接入互联网,供更上层级的服务层使用。网络层的技术形式比较丰富,如有线通信技术、移动通信技术、短距离无线接入技术、低功率广域网技术等,各种技术在物联网及智能家居的场景中已得到广泛应用,极大地促进了物联网及智能家居产品的发展。同样地,上述技术也可以在监测系统中得到很好的应用。网络层一般包括移动通信网、无线个域网、无线城域网、无线局域网以及互联网等,可为不同环境的不同类型网络提供便捷的网络接入服务,是监测系统的重要组成部分。

3.服务层

服务层的作用是将大规模数据高效、可靠地组织起来,在高性能计算和海量存储技术的支撑下,为上层应用提供计算分析及存储服务。如何对数据进行清洗筛选,以及如何挖掘数据价值,将数据真正地转化为生产力的提高是服务层的核心功能。此外,如何保证数据不被破坏、不被泄露、不被滥用、不丢失也是服务层面临的重大挑战。

4.应用层

应用层是监测系统价值表现最直接的环节,监测系统的功能最终都将在应用层得到充分体现。纵观软件应用的发展趋势,从早期的以数据传输、电子邮件为代表的"机-机"应用,到以电子商务、社交网络为代表的"人-人"应用,再到当前以物联网、智慧建筑、智慧园区等为代表的"人-机-物"应用,明显地呈现出多样化、规模化、专业化的特点。建筑环境与能源监测系统也是"人-机-物"应用的一种形式,以及智慧建筑、智慧园区等应用的重要组成部分。在元宇宙、数字孪生快速发展的背景下,监测系统产品将迎来新的市场前景,其功能和应用场景也将产生突破性进展。

整体来看,系统各层之间既相对独立又紧密联系,同一层级不同技术形式互为补充,针对不同应用环境,不同技术形式各有优势,可特定地解决特殊问题,最终构成所在层次的完整技术应对策略。而不同层次之间,根据应用场景的需求,提供相应的技术配置和组合,最终构建出完整的解决方案。

(二)网络通信技术

监测系统的实质是基于各类网络系统搭建起来的一套数据信号通信系统,由于位于最底层的感知层面临的应用环境最为复杂、苛刻,也促使感知层发展出丰富的网络通信技术,主要分为有线和无线两大类,而无线技术又可细分为移动通信、短距离无线接入和低功耗广域网等技术类型。

1.有线通信技术

有线通信是一种利用金属导线、光纤等有形媒质传送信息的方式。监控系统感知层的传感设备通常采用 RS485 总线标准进行通信。RS485 总线是一个定义平衡数字多点系统中的驱动器和接收器的电气特性的标准,采用半双工工作方式,支持多点数据通信。RS485 采用平衡发送和差分接收的方式实现通信,即发送端将串行口的 TTL 电平信号转换成差分信号 A、B 两路输出,经过线缆传输之后在接收端将差分信号还原成 TTL 电平信号。传输线缆通常使用屏蔽双绞线,同时采用差分信号传输,因此具有强大的抗共模干扰的能力,在末端传感器设备中得到广泛应用。

2.移动通信技术

移动通信技术能够直接将移动设备接入运营商网络,促进了移动互联网的发展壮大。移动通信技术起源于 20 世纪 80 年代,第一代移动通信(1G)在中国的应用长达 14 年。发展到现在,移动通信已进入第五代技术(5G)推广应用时期,第六代技术(6G)处于起步研究阶段,每一次的技术升级更新都伴随着通信速率等性能的大幅提升,不断适应着移动网络应用所提出的更高要求。

3.短距离无线接入技术

短距离无线接入技术是实现最后 1 公里互联互通的重要组成部分,能够提供短距离无线方式接入互联网,降低网络传输能耗、减少部署成本等,常见的有 Wi-Fi、蓝牙及 ZigBee(紫蜂)等。

随着智能终端产品的普及,Wi-Fi 已成为人们日常生活中访问互联网的重要方式之一,它可以通过一个接入点为一定区域范围内的众多用户同时提供网络服务。目前,Wi-Fi应用十分广泛,在办公室、商店、酒店等各种公共区域一般都有公共 Wi-Fi 覆盖,是传感设备可利用的重要技术手段。

随着应用场景的不断变化,用户附近 10 m 范围内的设备互联互通需求不断出现,蓝牙便是适用于该距离空间范围内的有效技术措施。目前,蓝牙技术已广泛应用在移动设备、个人计算机与无线外围设备、医疗设备及游戏设备等各种不同领域,尤其是随着智能手机的迅速普及,蓝牙已是智能手机的标准配置,将各种外设设备,如智能手环、智能手表、智能温湿度计等通过蓝牙连接到手机,可随时随地了解个人身体及所处环境的各项数据,为日常生活带来了极大便利。

ZigBee 的名称来源于蜜蜂的"8"字舞,即蜜蜂在发现花丛后会通过"ZigZag"形舞蹈来告知同伴食物源位置等信息,这种舞蹈的移动路径会形成一个"8"字形。ZigBee 在室内通常能达到 50 m 左右的通信距离,在室外能超过 100 m,具有很好的抗干扰效果。与蓝牙和 Wi-Fi 等网络通信技术相比,ZigBee 协议的灵活性相对较高,可以支持不同形式的组网模式,因此,ZigBee 在感知层具有十分巨大的优势和潜力。

整体来看,Wi-Fi 注重的是提高网络的带宽,其通信距离较短,通信能耗较高;ZigBee 网络协议标准带宽较小,通信距离相对较短,但其优势是协议灵活、通信能耗低。蓝牙协议带宽较 Wi-Fi 低,较 ZigBee 偏高,但通信距离具有一定优势。以上技术各有优缺点,能够在不同应用场景中起到很好的互补作用。

4.低功耗广域网技术

为了满足远距离、低功耗、低带宽的连接需求,低功耗广域网技术应运而生。根据发展路线不同,当前低功耗广域网技术主要分为两类,一类是以 LoRa 为代表的私有化组网技术,另一类是以 NB-IoT 为代表的基于蜂窝的低功耗网络连接技术。

LoRa 是一种基于扩频技术的远距离传输技术,其协议工作在 ISM 免费频段,具有通信速度低、功率低、距离远的特点。与 ZigBee 协议相比,LoRa 协议的通信距离更远,带宽更小,灵敏度也更高。

NB-IoT 又称窄带物联网,这类技术由电信运营商和设备商主导,在既有的 3G、4G 长距离通信系统的基础上,通过简化协议架构、降低占空比等方式压缩终端能耗,实现低功耗、远距离连接。与 LoRa 的主要区别为 NB-IoT 使用授权频谱,由运营商和电信设备商推动和管理,无法根据用户个性化需求进行私有化搭建和局域组网,十分不利于定制场景的应用。

三、发展趋势

建筑室内环境与能耗监测系统历经了将近 20 年的发展,已获得较大范围的实践和应用,为建筑节能降碳工作做出了贡献。近年来,随着国家"双碳"重大战略目标的提出,人工智能、大数据及区块链等大量高新技术的涌现,建筑室内环境与能耗监测系统将焕发出新的活力,也将被赋予新的使命,其今后的发展趋势也愈发清晰。

(一)重点服务于建筑领域"双碳"工作

与建筑能耗监测主要依赖于能源计量不同,建筑碳排放监测在能源计量的基础之上,更加强调在碳排放计算边界和计算方法上的科学、合理、准确,随着动态碳排放因子的提出和发展,今后建筑碳排放量的统计与计算将明显表现出实时与动态的特点。因此,要求建筑环境与能耗监测系统能够提供更加符合建筑碳排放计算要求和特点的建筑碳排放计算服务,提供具有实用价值的工具和方法。

(二)挖掘数据价值服务于建筑运行维护管理

利用室内环境与能耗监测系统取得建筑的参数数据不是最终目的,拿到数据只是工作开展的第一步,通过分析数据找到建筑运行规律,并以此来指导建筑的运行维护管理工作,最终目的是实现建筑舒适、节能的目标。当前此类应用系统大部分做到了"监视"功能,尚未真正做到"控制"的功能,尤其是自适应调控。随着人工智能、大数据等技术的快速发展,室内环境与能耗监测系统必将从"监视"做到"监视+调控",使建筑在系统软件的管理下,做到自适应运行,这样不仅可节省大量人力成本,也将大幅度提升建筑运维管理的效率。

(三)设备与平台间兼容性更高

随着室内环境与能耗监测系统功能与服务场景的不断丰富,不可避免地将会与更多设备或其他功能平台产生交叉和融合,用户对于整合统一各种应用的需求越发明显和强烈。为了便于将来与不同品牌的设备和平台进行协同整合,产品设计将朝着逐渐统一接口与协议的方向发展,以便实现设备与系统的快速对接,而私有化产品和技术的生存空间将会越来越小。因此,兼容共生是将来发展的必然趋势。

第十四章　气候自适应的超低能耗建筑多系统前馈预测调控

一、研究背景

系统的运行调控水平直接影响设计及施工的实际节能效果。目前,超低能耗建筑背景下的研究与应用多集中在设计优化、运行评价、全生命周期评估等方面,运行相关的基础和应用研究都非常有限。究其原因,在运行阶段,超低能耗建筑室内热环境存在大迟滞、多扰动的特点,不同外因内扰下主被动技术的耦合作用机制非常复杂。如图 14-1 所示,主被动技术在运行阶段相互增益、相互制约关系可总结如下:

首先,技术耦合表现为组合的多样性。例如,过渡季会出现自然通风,新风机组以地源侧旁通水为冷热源、以地源热泵为冷热源等多种运行模式。因此,如何明确其适用边界、实现灵活切换和调控成为关键问题。

其次,不同外扰下被动式技术的正负作用效果。例如,低窗墙比、高气密性等被动式措施可有效降低冬季采暖需求,但在过渡季自然通风时反而成为限制条件。因此,被动式技术的作用效果必须区分季节来度量。

最后,由于与被动式技术的耦合,无论是对流换热型还是辐射型主动式供能系统,其能量的转移、传输、利用规律均区别于传统建筑,同时也存在季节性差异。

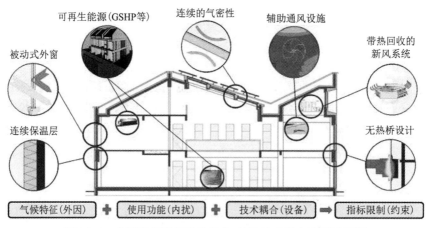

图 14-1　典型超低能耗建筑的主、被动技术耦合作用示意图

可以看出,在主、被动多系统的耦合作用下,超低能耗建筑运行调控的灵活性和准确性要求非常高,否则其预期终端能耗指标将很难达到,从而直接影响"双碳"目标下的碳排放测算。然而,受围护结构构造、空调运行模式、室外气象条件、室内人员因素等的复杂非线性影响,超低能耗建筑的舒适性和运行能耗之间会呈现此消彼长、相互促进或相互抑制等的复杂关联关系。因此,针对主、被动技术的复杂耦合作用,亟须通过新视角探索新的模型方法。

因此,本章聚焦超低能耗建筑的运行阶段,以不同外扰内因下耦合的主、被动技术为研究对象,通过现场测试、数值建模和数据挖掘等方法的优势互补,提出气候自适应的前馈型多系统运行调控框架,并通过模型方法的应用来进一步明确其在实际工程中的适用性和潜力。

二、气候自适应的多系统前馈预测调控框架

(一)超低能耗建筑智能化调控现状

现有被动式技术多配备有简单的控制机制。例如多数日光遮阳控制器依据预定时间表来控制遮阳装置位置,专门针对建筑围护结构开发的 Thermosash 公司产品中的风阀则基于环境温度来控制。对于主动式供能技术,目前其智能控制多基于单一控制目标[温度、CO_2 浓度、焓差、供回水温差、平均热感觉指数(predicted mean vote,PMV)等]来调控,采用的比例积分微分控制(proportional-integral-derivative control,PID)策略属于单回路控制,难以适用被动式建筑热环境的大时滞和多扰动特点。针对此,相关进展如下:

(1)单系统的条件控制。这类调控的本质仍为传统的单系统条件控制,只是控制目标由单一目标变为考虑内外参数差的关系条件。

(2)基于多目标优化的协同控制。基于多目标优化理论,可以获得不同经济节能目标条件下被动技术和主动系统之间的合理配置,获得被动和主动策略的节能贡献率等。但其结果无法支撑精细化的动态运行调控,且算法与监控系统不易结合。

(3)数据驱动的预测控制。近零能耗建筑的多能互补更需智能化控制。随着数据挖掘技术的发展,数据驱动的控制方法在该领域获得应用。有研究人员指出,数据驱动的预测控制能够很好地解锁建筑能源的灵活性。

预测控制方法在多系统的集成化、智能化调控方面显示了极大的潜力。其中,基于模型的预测控制(model-based predictive control,MPC)是该领域的重点研究问题。如图 14-2 所示,与传统的简单反馈环不同,MPC 使用数学模型和预测的扰动信息去决定未来时刻的最佳控制动作,包括预测模型构建、反馈校正、滚动优化等环节,是一种"前馈"控制思想。基于机器学习控制器的 MPC 已在空调控制领域获得应用。例如 Toub 等设计的最小化能耗和空调运行能源费用的 MPC 框架,与传统控制器相比,可实现节能 37% 和节约费用 70%。

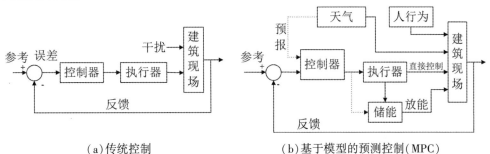

(a)传统控制   (b)基于模型的预测控制(MPC)

图 14-2　基于模型的预测控制方法与传统控制方法的比较

可以看出,MPC 能够很好地解决单系统的运行调控问题。然而,对于更复杂的主被动技术协同运行,其多系统的模型构建和求解必定带来新的维度灾难。有研究人员讨论了零能耗建筑中采用 MPC 的初步步骤及可能存在的问题,但尚未进行模型方法的讨论。这也是目前亟待解决的关键问题。

(二)自适应前馈调控的基本原理及原则

建筑室内热湿环境受到外因内扰等多因素的共同影响。其中,外因主要指室外气候参数,包括室外空气温湿度、太阳辐射、风速、风向以及邻室的空气温湿度等,通过围护结构的传热、传湿、空气渗透等将热量和湿量带入室内;内扰主要包括室内设备、照明、人员等室内热湿源,直接对室内热湿环境产生影响。

在运行阶段,相较于周期性逐时变化且不可控的外扰因素,内扰往往可控或者在一段时间内可控。因此,本章提出在内扰基本可控前提下的气候自适应预测调节方法,即以逐时预报的外扰天气参数为输入,预测多系统的一级切换、二级调节参数为输出的前馈型调控方法,基本原理如图 14-3 所示。

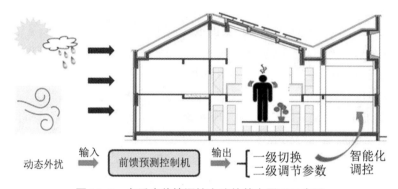

图 14-3 自适应前馈调控方法的基本原理示意图

基于以上基本原理,该方法的构建及应用应遵循如下原则:

1.独立原则

该方法针对的是超低、近零能耗建筑室内热环境调控的多系统之间的切换,以及在各系统自带的 PID 控制原理基础上进行控制参数设置、模式设置等。相较于针对控制方法进行的优化(例如模糊-PID 的开发),该方法是独立于系统控制模块之外的"上层"群控思想。

2.适应性原则

一方面,适应性原则在系统咨询设计阶段就应考虑,即充分根据当地气候环境、地理位置、太阳能、地热能等资源来合理地进行被动适应和主动创造。另一方面,与室内热湿环境营造相关的系统切换和调控也需要与气候条件相适应,具体表现为调控核心模型须以室外气象参数为输入,通过计算来自动输出调控动作,从而实现"气候自适应"的目的。

3.舒适性和整体节能原则

超低能耗建筑应在既有系统配置的基础上充分利用可再生能源。当自然通风不能满足室内热舒适性要求时,超低能耗建筑必须关窗并开启新风系统,从而产生耗电量和碳排放。因此,多系统调控目标下的能耗和舒适性呈现复杂的关联关系。针对此,本章提出"能耗投入-舒适性产出比"指标,来实现舒适性和整体节能双目标的综合评价。

4.个性化可定制原则

一方面,不同功能、不同地区的超低能耗建筑主被动技术配置差别较大;另一方面,即便在相同的室外气象条件下采用同一预测机,其输出的适用系统调控动作指令也会不同,因此,预测机的训练应基于各用户建筑自身的运行多维数据库(可通过模拟获得)进行,且具有反馈自主学习能力,从而形成定制化的用户操作手册。

(三)气候自适应前馈调控框架及模型方法

本章关注的是系统层级的上层智能调控。目前较成熟的方法是基于专家知识制定的控制方案编写相应的控制算法,通过分配系统负荷、改变设备频率等方法实现系统的智能控制。但由于运行管理人员专业水平参差不齐,常存在管理人员难以落实运维策略的问题。

实际上,目前已可利用用户数据实现智能化的空调运维管理和控制优化。例如,可利用空调系统运行参数、控制信号,结合人员情况,实现系统故障诊断、能耗预测等,也可根据用户行为预测等,来实现空调系统的个性化定制运维方案。但同时,结合超低能耗建筑的运行需求,数据驱动的相关模型方法在构建时存在如下两个关键问题:

1.监测数据质量与数量问题

对于与室内环境调节相关的数据驱动建模,往往需要获得在同一外扰序列、不同设备设施调节参数下的动态多维数据集。然而,对于实际建筑而言,很难仅通过短时间内的运维监测来获得这样条件下的大量数据集。因此,必须考虑与物理模型的有效结合。

2.多系统耦合的维度灾难问题

为了充分利用可再生能源,超低能耗建筑的运维必须探索各类节能措施的最大化利用,再加上各系统本身运行时的季节性响应特性差异,会带来数据驱动建模及求解的维度灾难。针对此,本章提出两级搜索来解决(图14-4),包括第一级开关量搜索(系统切换)和第二级模拟量搜索(参数设置)。

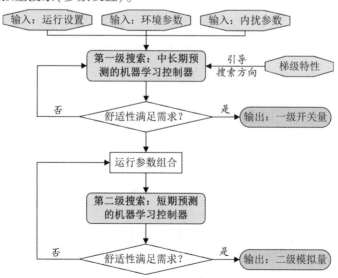

图 14-4　预测模型二级搜索求解原理示意图

基于此,提出如图14-5所示的气候自适应前馈调控框架,可有效解决以上两个问题:

(1)通过综合物理仿真和数据驱动建模获得用户调控手册,然后结合应用过程进行自学习,从而克服监测数据量有限的问题。

(2)通过基于多系统梯级运行特性来引导预测调控模型的搜索方向,获得能够使室内维持一定舒适性的前提下、同时能耗在该应用情景下最小的控制动作输出。

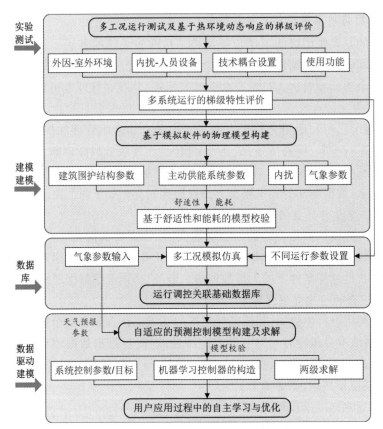

图14-5 自适应前馈调控方法的构建框架

基于以上框架和原理,本章进行了基于实测的多系统梯级响应特性分析,在此基础上,给出针对被动技术-自然通风、主动技术-地源热泵空调系统的模型构建过程及应用过程,并介绍开发完成的用户侧前馈型预测控制平台功能。

三、运行性能评价指标

(一)室内热环境的舒适性评价指标

1.人工冷热源室内环境的舒适性评价

在ANSI/ASHRAE Standard 55—2020标准中,热舒适定义为:人们对热环境标识满意的意识状态,并通过主观进行评价。在ISO 7730标准中,则强调热舒适是人们对周围热环境所做的主观满意度评价,主要分为三个方面:物理方面、生理方面、心理方面。

超低能耗建筑全过程实施

我国现行的《民用建筑室内热湿环境评价标准》(GB/T 50785—2012)指出,进行舒适性评级时包括整体评价指标(PMV-PPD)和局部评价指标(LPD)两种方法,如表14-1所示。

表 14-1　整体评价与局部评价指标

等级	整体评价指标		局部评价指标		
			冷吹风感 (LPD1)	垂直空气温度差 (LPD2)	地板表面温度 (LPD3)
Ⅰ级	PPD≤10%	−0.5≤PMV≤+0.5	LPD1<30%	LPD2<10%	LPD3<15%
Ⅱ级	10%<PPD≤25%	−1≤PMV<−0.5 +0.5<PMV≤+1	30%≤LPD1<40%	10%≤LPD2<20%	15%≤LPD3<20%
Ⅲ级	PPD>25%	PMV<−1,PMV>+1	LPD1≥40%	LPD2≥20%	LPD3≥20%

Fanger-PMV 指标评价法是目前评价室内热环境最综合的一种方法,其影响因素主要有6个:空气温度、相对湿度、空气流速、平均辐射温度、人体代谢率以及服装热阻,可简化为式(14-1)所示:

$$PMV = f(t_a, RH, v_{ar}, t_r, M, I_{cl}) \tag{14-1}$$

本章采用 Matlab 软件编程迭代获得优化计算结果,其详细计算公式见式(14-2)~式(14-5):

$$
\begin{aligned}
PMV = &(0.303e^{-0.036M} + 0.028) \times (M - W) - 3.05 \times 10^{-3} \times [5733 - \\
&6.99(M - W) - P_a] - 0.42 \times [(M - W) - 58.15] - 1.7 \times 10^{-5} \times \\
&M \times (5867 - P_a) - 0.0014 \times M \times (34 - t_a) - 3.96 \times 10^{-8} \times f_{cl} \times \\
&[(t_{cl} + 273)^4 - (t_r + 273)^4] - f_{cl}h_{cl}(t_{cl} - t_a)
\end{aligned} \tag{14-2}
$$

$$
\begin{aligned}
t_{cl} = &35.7 - 0.028(M - W) - I_{cl}\{3.96 \times 10^{-8} \times \\
&f_{cl} \cdot [(t_{cl} + 273)^4 - (t_r + 273)^4] + f_{cl} \times h_{cl} \times (t_{cl} - t_a)\}
\end{aligned} \tag{14-3}
$$

$$
h_{cl} = \begin{cases} 2.38 \cdot |t_{cl} - t_a|^{0.25}, 2.38 \cdot |t_{cl} - t_a|^{0.25} > 12.1 \cdot \sqrt{v_{ar}} \\ 12.1 \cdot \sqrt{v_{ar}}, 2.38 \cdot |t_{cl} - t_a|^{0.25} > 12.1 \cdot \sqrt{v_{ar}} \end{cases} \tag{14-4}
$$

$$
f_{cl} = \begin{cases} 1.00 + 1.290I_{cl}, I_{cl} \leq 0.078 \\ 1.05 + 0.645I_{cl}, I_{cl} > 0.078 \end{cases} \tag{14-5}
$$

式中　t_a——室内温度,℃;

RH——室内相对湿度,%;

v_{ar}——室内空气相对流速,m/s;

t_r——平均辐射温度,℃;

M——人体代谢率,W/m²;

I_{cl}——服装热阻,m²·K/W;

W——有效做功率,W/m²;

f_{cl}——服装表面积系数;

P_a——水蒸气分压力,Pa;

h_c——对流换热系数,W/(m² · K);

t_{cl}——服装表面温度,℃。

Fanger 教授在 PMV 的基础上引入了 PPD,来描述人们对环境热舒适性的不满意程度,其计算公式如式(14-6)所示:

$$PPD = 100 - 95e^{-(0.03353PMV^4 + 0.2179PMV^2)} \qquad (14-6)$$

经大量数据计算和调查统计分析,PMV、PPD 和热感觉之间的对应关系如表 14-2 所示。

表 14-2 PMV-PPD 不同取值范围内对应的热感觉

取值范围	热感觉	PPD
PMV≥3	热	95%~100%
2≤PMV<3	暖	70%~95%
1≤PMV<2	微暖	20%~75%
−1<PMV<1	适中	0%~20%
−2<PMV≤−1	微凉	20%~75%
−3<PMV≤−2	凉	70%~95%
PMV≤−3	冷	95%~100%

在 PMV 指标计算时,可参考 ISO 7730 标准对人体不同活动状态下的新陈代谢率和服装热阻值给出的参考取值范围。ASHRAE 基础手册建议,可以将人们的服装单项 clo 值的总和乘以 0.82,作为最终的服装热阻值计算 PMV 指标。

2.非人工冷热源室内环境的舒适性评价

实际自然通风建筑中的测试表明,PMV 预测的热舒适度情况比人员在自然通风情况下的实际感觉更热。针对此,多名学者对 PMV 模型在非人工冷源状态下进行了修正,例如 Fanger 和 Toftum 提出的 ePMV 模型,清华大学提出的修正 PMV 模型等、APMV 模型等。我国《民用建筑室内湿热环境评价标准》(GB/T 50785—2012)采用 APMV 指标进行评价。

APMV 模型利用黑箱方法将实际热感受与 PMV 模型结果进行联系,表达为式(14-7):

$$APMV = \frac{PMV}{1 + \lambda \times PMV} \qquad (14-7)$$

式中,λ 为人员适应性参数,其数值与人员行为与心理预期程度相关,实际反应与建筑类型与建筑所处气候分区相关。《民用建筑室内湿热环境评价标准》(GB/T 50785—2012)中,对于处于各气候分区的各类建筑类型的自适应系数 λ 取值有详细的规定,如表 14-3 所示。

表 14-3　自适应系数 λ 取值

建筑气候区	PMV	自适应系数 λ 取值	
		居住建筑、商店建筑、旅馆建筑及办公室	教育建筑
严寒、寒冷地区	PMV≥0	0.24	0.21
	PMV<0	−0.5	−0.29
夏热冬冷、夏热冬暖、温和地区	PMV≥0	0.21	0.17
	PMV<0	−0.49	−0.28

（二）能耗／能效评估指标

由于本章研究建筑用能以电能为主，且考虑到研究过程中需要大量实际运行数据与模拟数据作支撑，因此分析建筑能耗时以电耗为代表，包括建筑在不同运行策略下的总电耗和分项电耗，用单位建筑面积能耗指标进行建筑运行节能分析。

此外，在分析地源热泵系统运行性能时，对用户侧水进出口温度及流量、地源侧水进出口温度及流量、用户功率、地源功率等参数进行监测，定量分析机组运行能效比；对空调系统中循环水泵、风机盘管、空调机组、新风机组等各项设备的电耗值进行监测汇总，分析系统运行时的能效比 COP：

$$COP_{机组} = \frac{Q}{W_1} \tag{14-8}$$

$$COP_{系统} = \frac{Q}{W_2} \tag{14-9}$$

其中，机组的制热量或制冷量可按下式计算：

$$Q = \rho v c_p (t_{out} - t_{in}) \tag{14-10}$$

式中　Q——制热量／制冷量，kW；

ρ——水的密度，kg/m³；

v——水的体积流量，m³/s；

c_p——水的比热容，kJ/(kg·℃)；

t_{out}——出水温度，℃；

t_{in}——进水温度，℃；

W_1——机组的运行功率，kW；

W_2——系统的耗功率，kW。

（三）能耗投入-舒适性产出比指标

投入产出比（return on investment）是指项目全部投资与运行寿命周期内产生的工业增加值的总和之比，是一种综合性的经济效果评价指标，可静态反映项目投资的经济效果。基于此，为了更好地对不同运行策略进行综合评价，本专题提出"能耗投入-舒适性产出比"（I_{CEC}）对不同运行策略进行横向对比。本书中能耗与舒适性的投入产出计算公式如下式所示：

$$I_{CEC} = E_{norm}^{na} \cdot PMV_{norm}^{nb} \tag{14-11}$$

第四篇　建筑能耗模拟软件及监测

$$E_{\mathrm{norm}} = \frac{E_{\mathrm{av}} - E_{\min}}{E_{\max} - E_{\min}} \qquad (14-12)$$

$$\mathrm{PMV}_{\mathrm{norm}} = \left| \frac{\mathrm{PMV}_{\mathrm{av}} - \mathrm{PMV}_{\min}}{\mathrm{PMV}_{\max} - \mathrm{PMV}_{\min}} \right| \qquad (14-13)$$

式中　E_{norm}——标准化的能耗投入计算值,$[0,1]$;

　　　na——标准化 E_{norm} 的权重;

　　　E_{av}——能耗平均值,$kW \cdot h$;

　　　$E_{\min}$——能耗最小值,$kW \cdot h$;

　　　$E_{\max}$——能耗最大值,$kW \cdot h$;

　　　$\mathrm{PMV}_{\mathrm{norm}}$——标准化的舒适性绝对值的产出计算值,$[0,1]$;

　　　nb——标准化 $\mathrm{PMV}_{\mathrm{norm}}$ 的权重;

　　　$\mathrm{PMV}_{\mathrm{a}}$——舒适性投票平均值;

　　　$\mathrm{PMV}_{\min}$——舒适性投票最小值;

　　　$\mathrm{PMV}_{\max}$——舒适性投票最大值。

由计算公式可知:在 $\mathrm{PMV}_{\mathrm{norm}}$ 一定的情况下,E_{norm} 与 I_{CEC} 成正比,即 E_{norm} 越小(越节能),I_{CEC} 越小;在 E_{norm} 一定的情况下,$\mathrm{PMV}_{\mathrm{norm}}$ 与 I_{CEC} 成正比,即 $\mathrm{PMV}_{\mathrm{norm}}$ 越小(舒适性越高),I_{CEC} 越小。因此,建筑运行时的能耗越低,舒适性水平越高,其对应的 I_{CEC} 值越小,表示能耗投入与舒适性产出的综合效果越好。综上,能耗投入与舒适性产出 I_{CEC} 值大小在一定程度上可以反映出各运行策略的综合水平。为便于计算分析,本专题在分析时采用的 na、nb 权重均取 1(即对能耗和舒适性同等重视),读者可视项目实际对于舒适性和能耗的看重程度酌情取值。例如,如果项目(比如洁净室)更重视实现最优的舒适性效果来筛选运行策略,则可将舒适性权重 nb 设置为 2,这样舒适性 $\mathrm{PMV}_{\mathrm{norm}}$ 值对于综合指标 I_{CEC} 的影响即可加强。

四、基于实测的多系统梯级响应特性

(一)实测建筑及所在地气候特征

实测依托超低能耗示范项目——五方科技馆开展。该建筑位于河南省郑州市,具有一定的寒冷地区典型被动式建筑代表性。建筑立面如图 14-6 所示,长宽高为 27.7 m×27.3 m×12.85 m,总建筑面积 1 561.86 m²,占地面积 783.19 m²,容积率小于 2。

图 14-6　五方科技馆建筑立面

该建筑地上一层的主要功能房间有展厅、接待室、餐饮包厢、中庭多功能厅及热泵机房等,第二层为办公室、会议室、休息室等,第三层为可站人的斜坡屋顶夹层,设有全热回收式新风空调机组机房、工作人员值班室及洗衣房等。

该建筑围护结构材料组合及参数见表14-4。结合郑州室外空气计算参数及建筑围护结构的传热系数,由空调设计软件计算所得的冬季热负荷为56.2 kW,热负荷指标为43 W/m²(空调面积指标);夏季冷负荷为53.7 kW,冷负荷指标为42 W/m²(空调面积指标)。由被动房认证软件(PHPP)计算所得的年能耗需求:冬季供热需求为14 kW·h/(m²·a),夏季制冷与除湿需求为16 kW·h/(m²·a),符合认证标准。

表14-4　建筑围护结构材料和参数

结构	材料	厚度 d/mm	热导率 λ/[W/(m·K)]	传热系数 K/[W/(m²·K)]
外墙	水泥砂浆保护层	20	0.93	0.19
	石墨聚苯板	150	0.03	
	水泥砂浆	20	0.93	
	加气混凝土砌块(B07级)	200	0.22	
	石灰水泥沙浆	20	0.87	
内墙	无机轻集料保温砂浆Ⅰ型	20	0.07	0.84
	加气混凝土砌块(B07级)	200	0.22	
	水泥砂浆	20	0.93	
地板	瓷砖	10	1.4	2.26
	水泥砂浆	40	0.93	
	C15细石混凝土垫层	80	1.74	
	3:7灰土或碎石灌M5水泥砂浆	150	1.1	
楼板	瓷砖	10	1.4	1.71
	水泥砂浆	20	0.93	
	钢筋混凝土现浇板	100	1.74	
	石灰砂浆	10	0.81	
屋顶	水泥砂浆	8	0.93	0.21
	细石混凝土(内配筋)	40	1.74	
	水泥砂浆	20	0.93	
	挤塑聚苯板	150	0.03	
	钢筋混凝土	120	1.74	
	水泥砂浆	20	0.93	
门、窗户	铝包木三玻两腔Low-E (6L+12A+6L+12A+6L)	SHGC=0.43	可见光透射比=0.6	0.8

该建筑的主动供暖制冷能源系统如图14-7所示,采用地源热泵为新风机组、室内盘管末端和辐射末端(仅一层大厅敷设)供应冷热水,且二层办公室和会议室设置有辅助风扇。

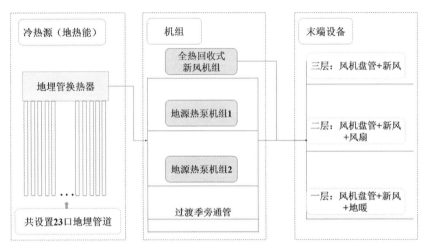

图14-7　主动式供能系统图

按照我国《建筑气候区划标准》,测试地属于ⅡA区,冬季寒冷干燥,夏季炎热湿润,春、秋季短促,气温变化较剧烈,因此,按照气候特点进行能源系统调节的需求显著。

(二)测试方案

1.实测目的

结合案例建筑功能和能源系统特点,针对案例建筑所在城市的气象特点,进行多运行策略的实测,从而结合前文提出的能耗投入-舒适性产出比指标来进行综合评价。

2.测点布置及数据采集

本章所需样本数据由监测平台、人工实测等方式来获取。其中,监测平台主界面如图14-8所示,本章基于平台获取各运行策略下的分项逐时能耗、系统运行参数等数据。

图14-8　监测管理系统平台

超低能耗建筑全过程实施

此外,在进行人工测试室内环境参数时,参考《民用建筑室内热湿环境评价标准》(GB/T 50785—2012)来布置室内测点,如图 14-9 所示。

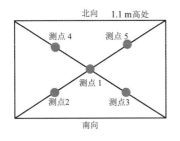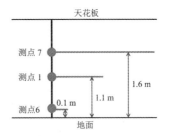

（a）水平　　　　　　　　　　（b）垂直

图 14-9　室内水平方向和垂直方向测点布置图

首先,补充人工测试主要包括人员活动范围内的室内温度、相对湿度、风速、黑球温度、热辐射值,采用的仪器仪表型号参数如表 14-5 所示。其次,选取中庭、二楼办公室和会议室作为主要人工测试场地,获取其在工作日 8:00~18:00 的逐时数据。

表 14-5　实验测量设备及参数

设备	型号	取值范围	误差范围
WBGT 黑球温度计	HQZY-1	20~120 ℃	±0.5 ℃
手持式温湿度计	Testo 625	-10~60 ℃ 、 0%~100%	±0.5 ℃ 、±2.5%
精创温湿度自计仪 （外置）	RH-4HC TLOG 100EH	-40~85 ℃ 、 10%~90%	±0.5 ℃ 、±3%
精创温湿度自计仪 （内置）	TLOG 100H	-30~70 ℃ 、 10%~90%	±0.5 ℃ 、±3%
热流密度计	RLZY-1	-199.9~ +199.9 W/m²	±5%
噪声计	AWA5636	30~130 dB	±1.0 dB
叶轮式风速仪	TESTO417	+0.3~+20 m/s	±(0.1 m/s+ 1.5%测量值)
万向风速仪	WWFWZY-1	0~10 m/s	0.1+5%的测量值

3.根据气候条件特点的测试工况设置

从测试地的全年逐时温湿度变化图(图 14-10)可以看出,测试地四季变化鲜明,冬季需采暖,过渡季可利用自然通风,夏季具有高热及高热高湿两个气候特征。因此,该示范项目在不同季节运行时需要在主动的热环境调节技术(例如暖通空调系统)和被动技术(如自然通风)之间进行灵活的切换或联合运行。目前相关研究中,这种上层设备系统之间的切换和调控参数设置往往依赖于人工经验。因此,本章关注的与气候条件变化相适应的多系统运行调控方案尤为重要。

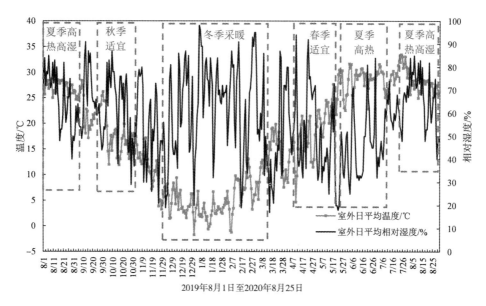

图 14-10 测试期间郑州室外日平均温湿度曲线图

针对案例建筑主被动系统设置情况,其运行策略测试方案如表 14-6 所示:

(1)高热夏季:测试地夏季初期具有典型的高温气候特征(可达到 38 ℃ 及以上),相对湿度一般小于 60%。考虑新风机组、地源热泵机组、末端风机盘管、电风扇和外遮阳的独立或联合运行,设置运行策略 1-1~1-4。该测试时间段为 2020 年 5 月 25 日至 6 月 8 日。

(2)高温高湿夏季:测试地 8 月中下旬的气候特点属于典型的"桑拿天",平均相对湿度约 82%。因此,策略 2-1 和策略 2-2 的设置是为了进一步探究其制冷和除湿性能效果。此外,考虑到高温高湿季节的室外夜间温度可低至 20~26 ℃,设置策略 2-3~2-6,来探索夜间自然通风针对该季节特征的适用性。该测试时间段为 2020 年 8 月 8 日至 8 月 21 日。

(3)过渡季:根据《近零能耗建筑技术标准》(GB/T 51350—2019),当室外温度小于等于 28 ℃ 且相对湿度小于等于 70% 时,鼓励采用自然通风工况调节建筑室内环境。针对此设置自然通风运行策略 3-1。此外,对于冷热负荷及湿负荷较小的过渡季,设置辅助风扇的策略 3-2,以及无地源热泵驱动的新风机组运行策略 3-3。该测试在 2022 年 4 月 6 日至 5 月 30 日完成。

(4)冬季供暖:充分考虑末端装置、末端控制温度、连续及间歇运行等因素,设置如表 14-6 所示的策略 4-1~4-6 6 个运行策略。该测试在 2019 年 12 月 16 日至 22 日进行制热工况的连续自动运行,并于 2020 年 2 月 16 日至 3 月 7 日进行了不同末端控制策略下的连续监测。

表 14-6 案例建筑的多运行策略测试方案

策略编号	气候条件特点	运行设置	策略细化分
1-1	高热夏季	仅开启新风机组+地源热泵驱动	不同挡位:低挡位、中挡位、高挡位
1-2		新风机+末端风机盘管+地源热泵驱动	不同控制温度:25 ℃、24 ℃
1-3		开启新风机组+地源热泵驱动+辅助风扇	不同挡位:低挡位、中挡位、高挡位
1-4		新风机+末端风机盘管+地源热泵驱动+辅助风扇	—
2-1	高温高湿夏季	仅开启新风机组+地源热泵驱动	不同挡位
2-2		新风机+末端风机盘管+地源热泵驱动	不同控制温度
2-3		夜间自然通风	—
2-4		夜间仅开启新风机组,无地源热泵驱动	中挡新风
2-5		夜间仅开启新风机组+地源热泵驱动	中挡新风
2-6		夜间不自然通风,无机械通风	
3-1	过渡季	自然通风	—
3-2		自然通风+辅助风扇	风扇不同挡位
3-3		仅开启新风机组,无地源热泵驱动	同挡位:低挡位、中挡位、高挡位、自动模式
4-1	冬季供暖	风机盘管+辐射末端(中庭) 仅辐射末端(中庭) 仅风机盘管	控制温度 20 ℃
4-2			控制温度 19 ℃
4-3			控制温度 18 ℃
4-4			间歇运行:1 h 间歇
4-5			间歇运行:2 h 间歇
4-6			间歇运行:3 h 间歇

(三)系统的动态响应及梯级运行特性

获得测试数据集后,采用 IBM SPSS Statistics 软件对缺失和异常的数据进行处理,然后进行响应特性分析。

1.动态响应特性分析

本节主要内容发表于论文"Assessments of multiple operation strategies in a passive office building in cold region of China",限于篇幅,在此仅给出部分图表及结果分析。

以高热夏季天气为例,基于测试数据,可得测试房间在 4 个运行工况下的逐时 PMV 和 PPD 曲线如图 14-11 所示。可以看出,PMV 值在 0.1~0.4 之间波动,PPD 值基本低于 20%。其中:策略 1-1 新风机组+地源热泵下的曲线最为平稳;新风+风机盘管+地源热泵驱动的策略 1-2 在某些时刻具有更接近于热中性的指标值;由于额外的空气扰动,新风+

风扇的策略 1-3 下 PMV 曲线的波动幅度最大;与策略 1-2 相比,外遮阳 1-4 可以减少舒适性指标的波动。

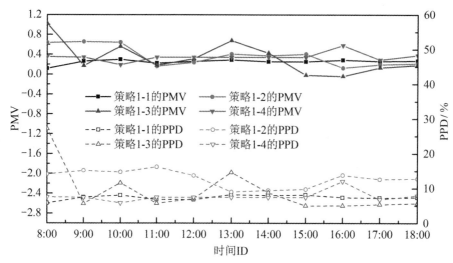

图 14-11　高热夏季测试期间不同运行工况下的 PMV 和 PPD 曲线

经统计,各运行策略所对应的日能耗、逐时电耗响应及室外逐时平均温度如图 14-12 所示。分析可知:

(1)策略 1-1 测试时段为 5 月 25 日至 28 日。测试期间的室外平均温度低于 30 ℃,在相对较低的冷负荷下其电耗值约比其他策略下的电耗值低 20%。根据监测数据,可知新风高挡下的日能耗比中低挡下的能耗高 75%。此外,如图 14-12(b)所示的间断逐时能耗情况也反映了示范建筑良好的保温保冷性能。

(2)策略 1-2 测试时段为 6 月 5 日至 8 日。该策略通常在室外连续高温时应用,其日能耗差别较大,结合图 14-12(b)可知其在 8:00~11:00 的运行初期能耗波动较大。此外可以看出,在保证整体舒适性水平的前提下,能耗随着室外温度的升高而增大(尤其是地源侧),并且末端设置为 25 ℃时的电耗比设置为 24 ℃时低 23%。

(3)策略 1-3 在 6 月 4 日进行测试,以探究当室外温度较高时,风扇能否辅助新风系统达到更好的室内热舒适性。与策略 1-1 相比,当室外温度更高时,虽然策略 1-3 下的 PMV 和 PPD 水平仍总体在舒适性范围内,但需求侧日电耗急剧增加到 120.65 kW·h。这是由于新风系统独立运行达不到室内设定温度,导致地源热泵机组长时间在高负荷下连续运行。因此,风扇辅助节能效应有限,需要及时调节。

(4)策略 1-4 在 6 月 5 日进行测试,来探究当辅助外遮阳设施降低进入室内的太阳辐射时,室内热环境的保持能力。测试时,首先自 8:00 开启新风机和风机盘管,降低室内温度至 24 ℃左右,然后自 10:00 关闭末端风机盘管并开启外遮阳直至 18:00。从图 14-12(a)可以看出,与室外温度水平接近的 5 月 28 日(未开启外遮阳)相比,能耗由 96.57 kW·h 降低至 60.46 kW·h。

同理可基于各运行策略下的动态响应分析,获得如表 14-7 所示的初步结论。

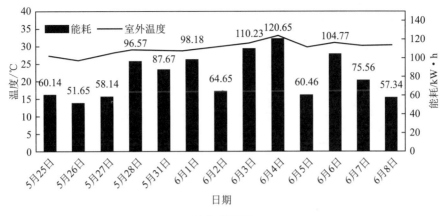

（a）日能耗

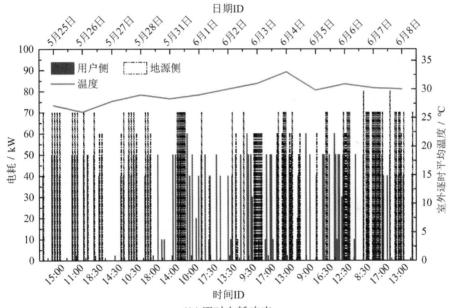

（b）逐时电耗响应

图 14-12 高热夏季测试期间不同运行工况下的能耗响应

表 14-7 典型多系统运行策略测试的初步结论

策略 ID	PMV 水平	能耗水平	主要结论
1-1	大部分平稳	约节能 20%	适用于室外平均温度约为 26 ℃时
1-2	初始阶段波动	随室外温度的升高而增大	适用于室外连续高温
1-3	始终波动	室外高温时急剧增大	风扇气流扰动在室外高温时作用有限
1-4	平稳	低于策略 1-2	辅助外遮阳有效
2-1	0.25～0.75	低能耗	策略 2-2 的室内热舒适性水平更高,但能耗更高,两个策略下的除湿过程均较长(3～4 h)
2-2	−0.5～0.5	高能耗	

策略 ID	PMV 水平	能耗水平	主要结论
2-3	降温效果不明显	—	夜间新风机组单独开启时,冷冻水难以稳定降至室内空气露点温度以下,预除湿能力有限
2-4	可保持室内温度	中等能耗	
2-5	可实现降温	高能耗	
2-6	可保持室内温度	—	
3-1	0~1.5	—	PMV 值大于 0.5(不舒适)主要发生在早晚
3-2	-0.5~0.5	风扇的日均能耗 7.79 kW·h	较大的热舒适性波动,但能耗更低
3-3	0~0.5	新风机+旁通系统日均能耗 47.38 kW·h	稳定的热舒适性,但能耗更高

2. 多系统的梯级运行特征

采用前文提出的能耗投入-舒适性产出比指标 I_{CEC},对表 14-7 中的测试策略进行横向比较,结果如图 14-13 所示。

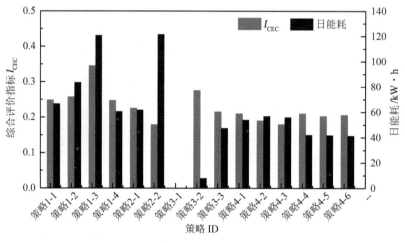

图 14-13　不同测试工况策略的能耗投入-舒适性产出比指标计算值

由此可知:

(1)对于高热夏季,运行策略 1-1 和策略 1-2 具有更好的综合性能,运行策略 1-3 的综合指标值最高,也对应了前文关于风扇辅助有限的结论,而增加外遮阳的运行策略 1-4 则具有与策略 1-1 相当的 I_{CEC} 指标值,同时能耗略低。可以看出,由综合指标值所得的结论与表 14-7 中结合曲线的分析结论一致。

(2)对于高温高湿夏季,由表 14-7 可知,策略 2-2 具有稳定的舒适性水平但能耗较高,因此难以直接判断。当采用该综合指标时,可以看出策略 2-2 具有更低的 I_{CEC} 指标值,表明尽管该策略能耗较高,但当能耗与舒适性的权重均为 1 时,仍优于仅采用新风+地源热泵的运行策略 2-1。这是由策略 2-1 较弱的除湿能力决定的。以 8 月 8 日的策略

2-1 运行效果为例,将室内含湿量由 17.75 g/kg 降至 14.91 g/kg 需要大约 4 h。

(3)对过渡季节,由表 14-7 可知,自然通风辅助风扇的策略 3-2 的舒适性水平波动较大,但能耗较低,而旁通策略 3-3 则表现出更稳定的舒适性水平,但能耗较高。因此,通过响应曲线对比很难对两个策略的优先级进行排序。当采用 I_{CEC} 指标值时,可以很容易看出策略 3-3 的综合性能优于策略 3-2。此外,当与策略 1-1 和 1-2 比较时,策略 3-3 具有更低的指标值和能耗值,表明可以采用策略 3-3 来适当延后制冷时段,从而达到整体节能效果。

(4)对冬季供暖季,3 个间歇工况的综合性能指标差别较小,且总体大于连续运行工况。对于三个连续运行策略来说,末端设置为 18 ℃ 的策略 4-3 的 I_{CEC} 指标值最低,综合性能最好。因此,合理的室内设置温度对于超低能耗建筑非常重要。

五、气候自适应预测控制方法应用

本章提出的气候自适应前馈预测控制方法可用于被动式技术(如自然通风)及主动供能技术(如地源热泵空调系统),相关内容分别发表于期刊论文"An hour-ahead predictive control strategy for maximizing natural ventilation in passive buildings based on weather forecasting"及"A model-based predictive control method of the ground-source heat pump system for maintaining thermal comfort in low-energy buildings"。作为最常规的被动式空气调节技术,在风压和热压作用下的自然通风效果极大地受到室外气象参数的影响,因此基于气象参数的灵活调控非常重要。本节将其作为主要内容进行应用介绍。

(一)自然通风预测调控原理及模型

1.自然通风预测调控原理及方法

本节所针对的自然通风预测调控目的是根据逐时气象参数调节窗户开度,从而实现自然通风的最大化应用,最大程度地减少化石能源的使用,降低碳排放。由前文分析可知,预测调控需要辅助物理建模、数据驱动建模来实现,如图 14-14 所示,包含如下过程:

①实测:由实测获得多维数据集,提取自然通风效果的基本规律,并为物理模型校验提供依据。此外,获取的全年逐时气象数据作为物理模型的气象包进行替换。

②物理模型:基于采用 EnergyPlus 构建案例建筑的物理模型,采用实测数据进行模型校验,然后获得相同内因外扰下不同窗户开度时的模拟结果,以此作为数据驱动模型构建的多维数据库。

③数据驱动的划分季节:基于聚类算法获得的季节划分,赋予不同季节下人员的典型穿衣及对应的服装热阻。

④数据驱动建模:基于多维数据库,分别采用支持向量机算法(support vector machine,SVM)和人工神经网络算法(artificial neural networks,ANN)实现舒适性 PMV 指标和换气量的数据驱动预测,在此基础上构建以热舒适性和换气量为控制目标的前馈预测调控。

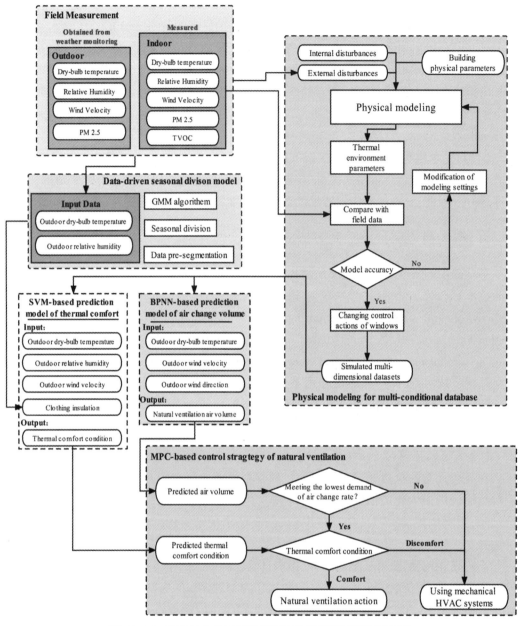

图 14-14　针对最大化利用自然通风的预测调控模型原理图

2.仿真模型构建与校验

（1）仿真模型构建

①案例建筑的物理模型。首先采用 SketchUp 建立物理模型如图 14-15 所示。根据计算需要、朝向、围护结构情况与房间功能类型,在 thermal zone 模块内建立 6 个热区:所有敞开区域与中庭设置为一个热区,一楼接待室、二楼会议室与办公室各自为一个单独热区,一楼北侧多个相邻餐厅与二楼北侧多个客房均各为一个热区保留内墙。

②建筑围护结构设置。由于 Energyplus 内默认使用的是 ASHRAE 的不同气候类型

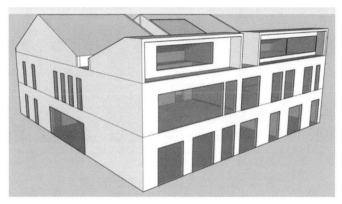

图 14-15　建筑模型图

下材料与围护结构类型,相较超低能耗公共建筑围护结构,热物性参数差别较大,故在 Energyplus 中 material 模块内更改材料的热物性参数,在 construction 模块中依次组合并赋予各个墙体。

③气象设置。如彩图 14 所示,软件内嵌气象包数据与测试年实际气象参数相差较大,难以真实地反映实际建筑情况,故将测试年室外气象参数编写为 epw 格式,使用该天气文件进行仿真模拟。

④自然通风设置。考虑该建筑的单侧开窗自然通风习惯,在 Energyplus 中编辑 zone ventilation:wind and stack open area 模块,在其中设置窗口面积与开度的 schedule, schedule 中取值范围为 0~1,即 0 为关闭,1 为全开。该模块计算见式(14-14):

$$
\begin{cases}
\text{VentilationWind} = C_w \times \text{OpeningArea} \times \text{Schedule} \times \text{WindSpd} \\
\text{VentilationStack} = C_d \times \text{OpeningArea} \times \text{Schedule} \times \sqrt{\dfrac{2gh(T_{zone} - T_{odb})}{T_{zone}}} \\
\text{TotalVentilation} = \sqrt{\text{VentilationWind}^2 + \text{VentilationStack}^2}
\end{cases} \quad (14\text{-}14)
$$

式中,各变量均为该模块输入参数名称,C_w 表示风压下的流量系数,C_d 表示热压下的流量系数,T_{zone} 表示室内空气温度(℃),T_{odb} 表示室外空气温度(℃)。

⑤服装热阻设置。为了更好地体现"气候自适应"特点,采用高斯混合模型(Gaussian Mixed Model,GMM)聚类算法将室外气象参数分为 3 类,然后根据聚类结果进行服装热阻的设置。如图 14-16 所示,其中过渡季节为类别 2。根据聚类结果,低温区服装热阻取 0.96(长裤+长袖衬衫+西装上衣+袜子+鞋+内裤),高温区服装热阻取 0.54(薄裤+短袖衬衫+袜子+鞋+内裤),过渡季区服装热阻取 0.74(长裤+长袖衬衫+袜子+鞋+内裤)。其后续预测服装热阻取值方法也依照此聚类结果。

(2)仿真模型校验

采用的模型校验评价指标包括平均偏差 MBE(Mean Bias Error)和均方根误差变化系数 CV(RMSE)(Coefficient of Variation of the Root-Mean-Square Error):

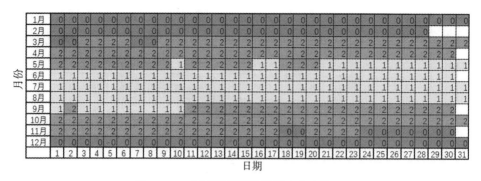

图 14-16　采用聚类算法的季度分布情况

$$MBE = \frac{\sum_{i=1}^{n}(a_i - \hat{a}_i)}{\sum_{i=1}^{n} a_i} \tag{14-15}$$

$$CV(RMSE) = \frac{\sqrt{\dfrac{\sum (a_i - \hat{a}_i)^2}{n}}}{\dfrac{\sum_{i=1}^{n} a_i}{n}} \tag{14-16}$$

式中　a_i——实际测量值；

$\hat{a}_i$——模拟值；

n——所有参与对比的变量数。

选取自然通风测试区间 4 月 6 日—8 日进行校验。将二层办公室与对应热区室内温的实测值与模拟值进行对比,如图 14-17(a)~(c)所示。

可以看出,模拟结果的平均偏差 MBE 为 3.12%,均方根误差变化系数 CV(RMSE)为 4.14%,均满足各标准下的误差要求。同时,对模拟结果进行了 R^2 检验,其线性回归线如图 14-17(d)所示,其 R^2 计算结果为 0.811 23,符合检验要求。

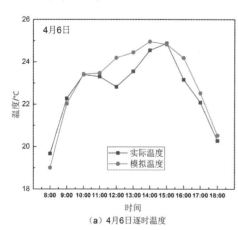

(a)4月6日逐时温度

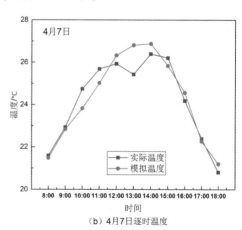

(b)4月7日逐时温度

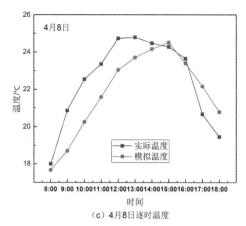
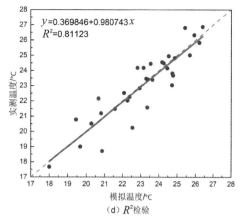

（c）4月8日逐时温度

图 14-17　物理模型模拟结果的模型校验

3.数据驱动的舒适性预测模型构建与校验

（1）机器学习的算法选择

利用 Python 构建受试者工作特征曲线（receiver operating characteristic curve，ROC）计算并绘图，以室外温度、湿度、风速、服装热阻作为输入数据，结果如图 14-18 所示。可以看出，神经网络（artificial neural network，ANN）和支持向量机（support vector machine，SVM）均具有较好的预测性能，考虑到 PMV 指标的标签属性和换气量的数值属性，分别采用支持向量机算法和神经网络算法来构建基于天气预报参数的数据驱动预测模型。

（2）基于 SVM 算法的模型构建

SVM 算法的模型结构与含有一个隐含层的 ANN 模型相似。限于篇幅限制，在此简要给出部分建模调参结果，详细过程可参考相关文献。

不同核函数对于预测准确度起着至关重要的作用，故在 Python 中建立各种核函数下预测准确对比，结果如图 14-19 所示。在此选择预测精度最高的径向基函数，即某种沿径向对称的标量函数。在进行 SVM 建模时，参数 gamma 值越小，分类界面越连续；gamma 值越大，分类界面越"散"，分类效果越好，但有可能会过拟合。通过彩图 15 所示不同参数下部分训练集效果比较，选取 $C=10$，gamma $=0.01$。

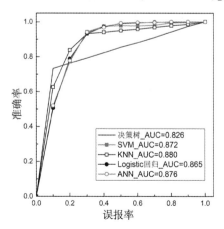

图 14-18　常用算法 ROC 对比

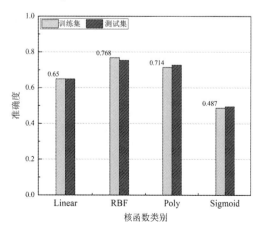

图 14-19　各类核函数下 SVM 预测准确度

（3）基于BPNN算法的模型构建

在BP神经网络中，输入层和输出层的节点个数都是确定的，而隐含层节点个数不确定。常用经验公式（14-17）确定隐含层节点数目：

$$h = \sqrt{m + n} + a \tag{14-17}$$

式中　h——隐含层个数；

　　　m——输入层个数；

　　　n——输出层个数；

　　　a——调整参数，取值为5。

本模型h取8。

此外，激活函数选用sigmoid函数，并对输入层和隐含层之间的权值和阈值进行调整。构建BPNN模型时，对不同学习率和迭代次数进行比较，如彩图16所示为不同参数组合下的训练集效果。综合比较，选取学习率为0.006、迭代次数为80000。

（4）预测模型校验

①基于SVM算法模型校验。校验时将所有的数据随机按照4∶1比例分为两部分，即训练集占80%总数据集，共2 962个数据点，测试集占20%总数据集，共593个数据点。以窗户开度为0.5为例，校验结果如表14-8所示，训练集的正确率为0.9408，测试集的正确率为0.9178。

表14-8　SVM算法模型校验（以0.5开度为例）

预测值	真实值（训练集）		真实值（测试集）	
	舒适	不舒适	舒适	不舒适
舒适	464	148	90	41
不舒适	30	2320	9	453

②基于BPNN算法模型校验。以模拟结果所得的换热量测试集中随机的300个样本为校验测试集，对比计算后的预测结果与真实值的R^2检验结果为0.918，具有较好的预测精度。

（二）自然通风的自适应预测控制

基于该模型构建的自然通风预测控制策略流程图如图14-20所示。首先，使用建立的预测模型对当前开度在下一时刻室内舒适度是否满足进行判断，如果满足则保持当前开度，若不满足则判断该建筑是否有新风需求，进一步考虑使用自然通风还是机械通风。如果没有新风需求则关闭窗户，有新风需求，进行窗户开度调节的预测；如果开度调节依旧满足不了室内热舒适度需要，则需要进行机械通风并使用人工冷、热源对室内进行调节。

在整个控制逻辑中，核心是基于实时输入序列预测室内舒适度。该预测通过前文构建的预测模型完成，预测不同开闭状态与开度状态下的舒适性指标。

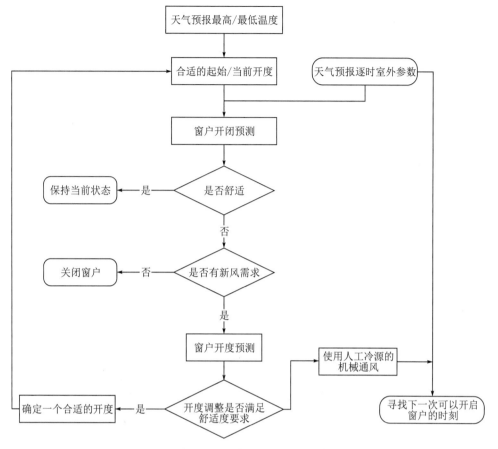

图 14-20　自然通风的自适应预测控制策略流程图

1.基于室外气象参数的自适应开闭控制

以 0.5 开度的预测结果为例,如图 14-21 所示。可以看出,在 0.5 开度时,室外温度的适宜范围大概在 22~30 ℃,且当相对湿度低于 40% 时,适宜自然通风的室外温度略有提升。此外,当室外温度约为 27 ℃ 时,无论相对湿度为多少室内此时的室内热环境均为"舒适"。用同样的方式,可获得不同开度下的适宜室外温度区间,从而辅助窗户开度调整。

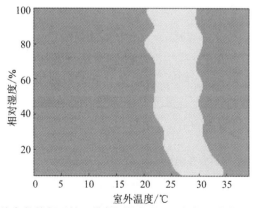

图 14-21　基于室外参数的舒适性二维预测结果展示(白色区域表示适宜自然通风区域)

为了更好地说明,选取室外气象参数变化较大的 4 月 20 日,如图 14-22 所示为该日的逐时室外温度、相对湿度及风速。基于预测控制策略进行计算,推荐仅在 12:00 之后进行自然通风。通过模拟,其预测室内温度及 AMPV 结果如图 14-23 所示。

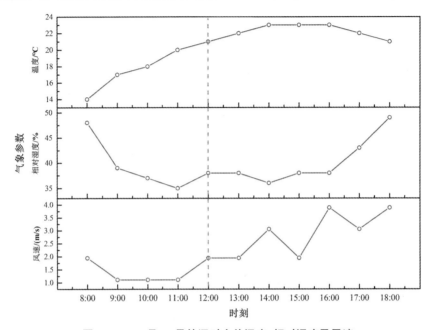

图 14-22　4 月 20 号的逐时室外温度、相对湿度及风速

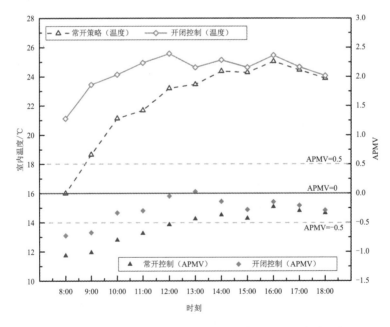

图 14-23　自适应开闭控制的预测结果与未控制结果的对比分析

由图 14-23 可知,采用预测开闭控制的室内温度更为平稳(尤其是在上午时段),室内 APMV 指标值更接近于热中性。通过开闭控制,10:00～12:00 原本未控制时室内的

超低能耗建筑全过程实施

"冷"感变为"舒适",即自然通风的适宜时间增加了 2 h。

2.基于室外气象参数的开度控制

由图 14-24 的比较可知,不同开度下预测的热舒适范围不同,开度预测控制可行。

验证时,仍选取室外气象参数变化较大的 4 月 20 号为例,结果如图 14-25 所示。在采用自然通风开闭预测控制时,自然通风适宜时间为 8 h(10:00～18:00)。当采用本节提出的开度预测控制时,其适宜时段增加为 10 h(8:00～18:00),且对于增加的两个小时,可以看出,其对应的室内舒适性更接近于热中性(APMV=0)。因此,可认为无论是从适宜通风时长上还是从室内舒适性水平上,本节提出的开度预测控制方法均有更好的效果。建立神经网络预测模型,可知其所对应的通风量分别为 763.44 m³/h、821.99 m³/h,均大于目标房间的最小新风量 600 m³/h,可满足超低能耗建筑的通风需求。

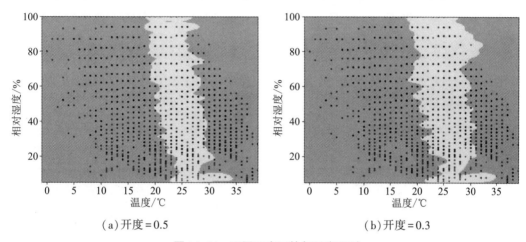

（a）开度=0.5 　　　　　　　　　　　（b）开度=0.3

图 14-24　不同开度下的舒适度预测

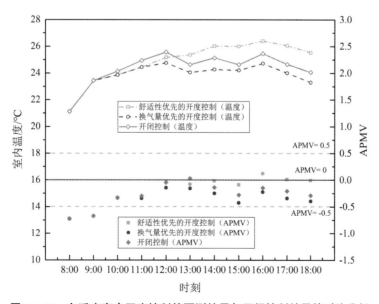

图 14-25　自适应窗户开度控制的预测结果与开闭控制结果的对比分析

此外,图 14-25 中也比较了舒适性优先和换气量优先两种控制逻辑。可以看出,两种控制逻辑均可提升室内舒适性且增加自然通风适宜时长,且以室内舒适性优先的控制逻辑更接近于热中性。因此,本章推荐采用舒适性优先的控制逻辑来进行预测控制。

(三)前馈型自适应调控平台开发

由前文可知,通过应用该前馈预测调控模型,能够在保证舒适性的前提下降低运行能耗。目前所获结果是基于案例建筑的主被动技术参数获得的,对于其他项目,应在其设计阶段或竣工阶段基于项目具体信息进行建模,并结合实际运行数据进行自学习和优化。

结合用户实际需求,如图 14-26 所示为团队开发的调控平台界面"冷暖小精灵",前馈通用型室内热环境智能调控平台 V1.0.0(登记号 2023SR0448145)。该平台基于预测调控的理念,主要实现如下功能:

(1)设置管理:如图 14-26 所示,平台可添加房间和相应设备设施并进行管理,房间基本信息包括名称、功能类型、面积、采光朝向、围护结构保温层类型以及保温层厚度等,主动式设备包括空调系统和新风系统,被动式设备包括窗户和遮阳。

图 14-26 "冷暖小精灵"设置界面

(2)监测功能:通过添加无线传感器,可实现如图 14-27 所示的室内温度、相对湿度、空气质量、能耗等的实时监测和历史数据查询。

(3)前馈预测控制:如图 14-28 所示,基于用户输入的既有热感觉和期望热感觉,采用 MPC 数据驱动模型进行反推,可根据室外气象数据对空调设置温度、风速、开窗面积、遮阳等进行自动的前馈预测控制调控。

超低能耗建筑全过程实施

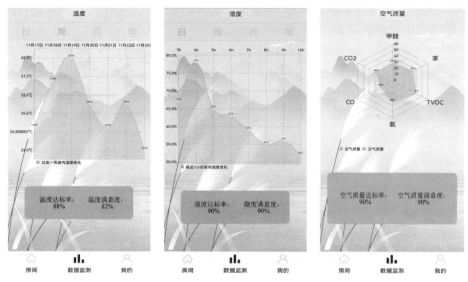

图 14-27 "冷暖小精灵"监测界面

图 14-28 "冷暖小精灵"调控界面

(4)手动调节：也可根据用户特殊需求进行手动调节。

(5)用户反馈调节：除了基于模型的预测调控外，增加如图 14-29 所示的用户评价页

193

面,并基于用户实际热感觉投票对嵌入的 MPC 模型进行反馈和自学习,从而更好地实现由"模型"到"用户需求自适应"的定制化。

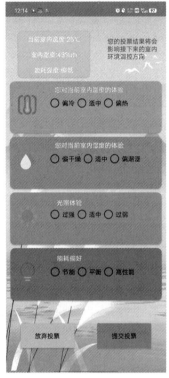

图 14-29 "冷暖小精灵"功能界面

第五篇

施工及运行维护

第十五章　超低能耗建筑项目管理模式

一、超低能耗建筑项目管理的特点

与传统节能建筑相比,超低能耗建筑工程项目表现出以下特点:

(1)以产品为交付成果,以结果为导向,要求从真实运行数据和身体体感来验证施工结果是否符合设计指标。

(2)专业化程度高。超低能耗建筑不是简单地加厚外墙保温、提升材料性能指标,施工技术复杂性和专业性更高,施工重难点较多。不同的施工工序,其阶段做法都会发生变化,施工部署需要更合理。

(3)容错率低。超低能耗建筑虽然采购成本高,但会有与普通节能建筑同样的质量隐患,导致的后果更严重,维修代价更高,要提高施工现场的专业化施工和精细化管理水平。

(4)结果不可逆。项目一旦建成,因材料质量或施工质量原因无法达到超低能耗建筑的设计运行指标和室内热湿环境指标,很难再通过技术改造弥补。

(5)验收及评价方式发生变化。超低能耗建筑项目的认定不仅是通过"五大责任主体"的联合验收及主管部门备案,还要在完工运行后通过相关的专项检测,完善咨询报告、施工过程影像资料等后通过权威机构进行评审和认定。

二、适合的组织管理模式

(一)国内超低能耗建筑项目情况

从目前全国大多数超低能耗建筑建设项目了解的情况,大多数项目采用施工总承包的管理模式。从项目过程管控和交付质量来看,还有些不尽人意。大部分项目存在边施工边摸索的情况,关键节点或工序返工率较高;甚至有些项目因成本或工期原因积重难返,不再考虑超低能耗效果和验收问题,也不考虑运行过程中会出现质量隐患,认为按期交付即可。建设单位的资金投入了,但是没达到效果。

出现这些现象的原因无外乎组织模式的"总—分"关系的现场管理和技术协调处理。

1.组织管理模式

从组织和采购模式的角度分析。业主需要对咨询单位、设计单位、供货商和施工单位分别招标,施工总承包模式的工作流程是先进行建设项目的设计,待施工图设计结束后再进行施工总承包招投标,然后再进行施工,上一个阶段结束后另一个阶段才能开始。每个单位的工作内容相对专业且独立,界面过于清晰和割裂,无法进行有机的体系性融合。特别是在对专业度和节点要求比较高的建筑中,各单位施工界面越多隐患越大。

2.技术专业度

从专业度的角度分析。超低能耗建筑的设计、施工、材料还属于建筑行业的新生事物,专业技术部分涉及 6~7 个专项工程,有专业能力和有一定经验的单位并不多。比如屋面工程作为一个分项工程就包含了土建、保温和防水三个专业,谁能做到对屋面防水真正负责?不仅如此,现场技术及管理人员还要真正理解设计意图,并将现场实际施工情况准确反馈设计,施工过程中稍微放松管控力度,就会导致超低能耗建筑技术无法达到设计指标和应有的效果,品质无法保证,从而被业主投诉和成为行业诟病。

综上所述,采用合适的管理模式,专业的企业做专业的事,可以真正实现"快、好、省"的局面。

(二)适合采用专业 EPC 模式

如何采用更先进、更合理的组织管理模式,有效控制项目实施过程,以此提升项目建设价值和使用价值。面对超低能耗建筑技术的复杂性和专业性,首先我们要考虑各参建单位的专业能力,其次是将可行性研究、设计、造价、采购、施工和运行等工作进行高度协同和融合,实现以最少投资、最低能耗提供高舒适度的运行效果。

建设单位作为整个项目的决策者和组织者,组织模式和采购模式决定了项目的实施效果和成本投资,达到成本最低、控制最有效和产品更好的目的。因此在项目建设的决策阶段,建设单位应策划超低能耗建筑项目的目标,根据它的特点做好项目管理的策划工作和组织设计。

2020 年 9 月,住建部等九部门联合发布《关于加快新型建筑工业化发展的若干意见》(以下简称《意见》),意见明确要求:为促进设计、生产、施工深度融合,大力推行工程总承包模式;引导建设单位和工程总承包单位以建筑最终产品和综合效益为目标。

超低能耗建筑技术作为"四新"技术成果的应用,采用工程总承包模式不仅符合《意见》要求,也符合超低能耗建筑高质量发展的路径。

(三)专业 EPC 的优势

承包商为避免较大风险并达到建设目标,在项目实施过程中体现出综合专业素质,统筹考虑整个项目,设计、采购和施工融合度比较高。通过自身团队的专业能力可以有效控制超低能耗的增量成本,一体化设计和管理,消除了因工序交叉、界面过多产生的质量隐患。图 15-1 为超低能耗建筑项目管理全过程主要内容。

1.项目决策阶段

在项目的决策阶段,建设单位选定经验丰富的超低能耗专项咨询、设计单位进行充分的分析和可行性研究,详细了解项目所在地省市两级的相关奖励扶持政策,明确建设目标主要是希望实现经济效益还是社会效益,节能第一还是舒适度优先,是否希望拿政府奖补,是否申请设计阶段、施工阶段或运行阶段认证,有无展示、宣传考虑等等。只有明确了建设目标,才会制定对应的设计参数和匹配的技术方案以及成本分配。

建设单位作为建设项目管理的组织者和策划者,通过超低能耗建筑的前期决策,建立超低能耗建筑的建设路径,制订相关投资计划和工作计划。

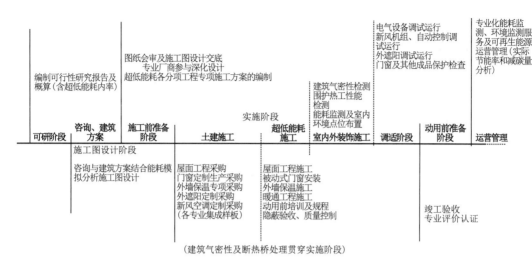

图 15-1　超低能耗建筑项目管理全过程主要内容

2.项目实施阶段

超低能耗部分专业总承包单位往往通过与工程总承包单位签订分包合同,划分承包内容,划分工作界面,明确质量和工期要求等,整体向业主负责。

总承包单位要统筹考虑设计与采购、施工三者之间的关系。在设计之初,咨询、采购、施工单位就要前置介入工作,从技术路径、成本投资和施工可操作性及交付效果便开始融入施工图设计,提高图纸和现场的适配度。目前,国内一些省市已禁用薄抹灰外墙保温体系,在设计之初如何选用经济合理、技术合适的外围护体系,这是重要的技术方案部分,技术方案的可行性要充分考虑采购、造价、施工可行性等因素,在方案论证阶段,应邀请相关单位共同参与。再如,新风管道对室内装修后的层高影响,在结构设计过程中提前考虑预留穿梁洞口等。专业的总承包商会在设计过程充分考虑交付效果和施工过程,完善施工图,较大地降低现场施工的容错率,施工质量更有保证,避免一些隐形因素影响最终交付成果。

(1)管理组织优势

工程总承包管理模式的组织管理是按照矩阵式管理模式展开项目管理工作,在管理组织的设计下,按照工作内容、岗位责任和工作流程,以责任主次各自履行职责。设计、采购和施工自初步设计阶段到竣工交付,全过程参与项目的管理和控制,各工作内容相互融合,参与并协助,确保项目的交付效果。超低能耗建筑项目的工程总承包单位需要负责至项目运行初期,要对项目的气密性指标、热工缺陷、外围护的传热系数等指标进行检测、认证。最重要的是建筑运行1~2个采暖和制冷季后,还要对建筑各分项能耗和室内环境参数的运行数据进行搜集整理,对实际能耗指标和碳排放量进行计算复核。

在施工过程中也避免了其他组织管理模式中出现因实施超低能耗建筑技术,导致费用增加和分包内容漏项、缺项的情况。业主省心、投资可控、产品有保证,这些优势都会在项目运行使用过程中逐步体现出来。

(2)工程成本投资优势

在设计过程中,采购和施工提前介入工作。采购提出材料优化建议,在招标采购过程更有利于控制材料和成本;施工根据现场施工技术及管理经验,对相关做法和节点工序进行设计优化,降低施工过程的容错率,避免或减少返工量,节省额外成本支出。设计结合采购和施工的优化建议,在确保功能的前提下,通过精细化设计,比如对材料的应用,技术的创新,工序的准确表达,从而达到同样的效果保证设计效果和降低投资。

（3）产品质量优势

材料质量是项目建设最基础的保证,因超低能耗建筑构造的复杂性和对材料性能的高要求,再加上材料自身的价值较高,采购人员要了解相关材料的性能、价格,包括其品牌和生产工艺等等。工序质量合格是保证施工质量和实施效果最重要的因素,因此总承包单位的管理人员、专业工人具备超低能耗技术的专业能力,成为目前绝大多数超低能耗项目的实施屏障。作为专业的工程总承包单位,都应有统筹的认知,经常性开展系统培训和项目总结提升,有专业的超低能耗项目管理团队。

（4）设计、采购和施工的融合

在设计阶段开始工作时,采购和施工就已经介入工作。建筑方案结合采购的成本优化意见进行调整,经过巧妙的设计。从实用性、审美性和经济性的角度出发,可以减少业主的投资,节约成本,这就需要施工图中的节点做法构造以及材料使用方法与现场施工高度匹配,设计工作不是再像普通的节能建筑施工图设计,简单地套用通用节点和做法。

在设计过程中由专业的项目技术负责人凭借现场施工经验,对可施工性进行分析,结合施工部署,向设计负责人提出技术优化方案,充分发挥各自的专业性,确保施工图和现场施工高度融合。不仅如此,还可以降低施工过程的容错率,减少过程中的返工量和变更签证量,从而保证工程质量,达到超低能耗建筑设计效果和运行效果,并且能高度还原建筑方案效果。

在采购过程中,设计对材料进行甄别,对材料性能指标进行审核和认定,确保可以采购到质量合格的材料,避免一味低价而忽略材料本身的质量。施工协助采购,对材料样品进行材料的质量和型号核对确认:一方面确保了材料质量和型号适配;另外一方面采购计划与施工进度计划积极联动,保证施工流水节奏。更重要的是通过进度联动机制,随时调整偏差,增加库存周转率和降低材料损耗。

（5）实施效果

在项目实施过程中,经常会遇到建设单位提出合理压缩工期的指令,这样就需要重新调整施工部署和施工顺序。普通节能建筑中工序的调整不会引起较大的技术变更,但是在超低能耗建筑中,为了确保"保温连续不间断"的原则和工程质量,设计配合施工,结合现场施工情况及时调整节点工序,避免较大的质量隐患。

总承包单位调集各方资源,通过各方融合实施管理和现场协调,达到安全、进度和质量目标,保证超低能耗建筑运营的热舒适效果,这也是建设超低能耗建筑的目的和意义。

未来,通过采用工程总承包或专项 EPC 模式,由具备施工能力的设计单位主导或具备专业设计能力的施工单位整体把握项目,实现设计、采购和施工之间的有机融合,统筹现场管理,顺利解决施工方案中实用性、技术性、安全性之间的矛盾,以建筑产品品质和运行效果为保证前提,精细化设计、专业化施工,相互融合和促进。不仅对业主方投资比较有利,而且对总承包方的成本控制也比较有利,最重要的是通过专业化管理增加了项

超低能耗建筑全过程实施

目建设价值,深度挖掘项目管理的使用价值(对环境保护有利、节能、降耗、降低运维成本、提高舒适度)内容,给项目定位更高的意义。

综上所述,工程总承包模式下的承包商自身具备设计、采购、施工能力,在每个专业工作过程中通过有效的融合和联动,相互之间不再是绝对独立和割裂的。施工图设计更合理,采购更精准和经济,保证了施工过程的流畅性和准确度。交付的建筑产品质量更高,综合效益更低。超低能耗建筑项目通过工程总承包模式,让项目建设更有建设价值和运行价值。对于承包商来说,通过不断的项目应用实践,可以让企业在行业和市场中更具竞争力和专业性。

三、其他模式介绍

(一)工程总承包施工管理模式(EPCM)

在EPCM模式下,管理方由具备施工图设计能力和专业施工管理能力的咨询单位或设计单位承担,施工管理可以为业主选择、推荐最适合的分包商来协助完成项目,也可以是针对重要专业工程的部分或阶段的施工管理工作。

出色的EPCM管理方一定会尽全力使分包商的工作准确到位,并采用一切有效的方法、优化的人员配置确保设计与施工要求,甚至超出业主的期望。在国内超低能耗建筑项目中已有单位采用并获得出奇的效果。

案例分享:

海南乐东中兴生态智慧总部基地(A11#~A17#/B1#~B7#),海南省首个近零能耗建筑项目建筑群,共有6栋单体建筑,总建筑面积近20 000 m²,建设单位通过采用EPCM的管理模式,管理团队全程参与超低能耗施工图咨询设计、招标采购、现场施工等环节,协助甲方严格把控各分包单位施工现场的安全、质量、进度和成品效果。不仅高度还原了建筑外立面效果,也达到了近零能耗建筑的建设目标和运行效果。

(二)CM模式

由具有较丰富的施工经验的专业CM单位或咨询单位担任。将工程建设的实施作为一个完整的过程来对待,并考虑到协调设计、施工的关系,在各阶段为供应商提供合理的建议,以在尽可能短的时间内,高效、经济地完成工程建设的任务,参与到工程实施中来。即CM单位从全过程的角度,以项目建设结果为导向,在各阶段直接提出优化建议,确保建设目标的实现。

以上无论采用哪种组织模式,都是由专业的咨询顾问单位进行主导,其目的是确保项目建设过程中程序流畅、设计合理、施工落地性强、成本最优,最后交付优秀的建筑产品,从而真正实现超低能耗技术的效果。相信每个项目或建设单位会找到适合自己的组织模式开展相关建设工作。

四、模式创新

通过对超低能耗建筑项目的实施、摸索和提炼总结,结合项目经验,提出"建筑师(Architect)+造价师(Cost Engineer)+建造师(Constructor)"的组织实施模式,简称"ACC

模式"。即一个承包商具备设计、造价成本、建造实施的能力,全权负责工程项目的设计和采购,并负责施工阶段的管理工作。该种模式下,工程的设计、成本、施工管理三个主要任务集成在一个管理主体进行协调,可以有效解决设计与施工之间的矛盾、技术与成本之间的分歧,解决项目实施的技术性、实用性、经济性,有利于整个项目的统筹规划和协同运作,而且具有一定的灵活性。在国内超低能耗建筑项目中已有单位采用并获得出奇的效果,甚至超出业主的期望。

(一)优势分析

消费水平和观念在不断提升,消费者对产品的品质、品位以及美感也有了意识和要求。

古罗马建筑师维特鲁威最早提出了建筑的三要素:实用、坚固、美观。建筑的价值感,不仅与建造品质及舒适节能性密切相关,还体现于建筑的形象气质。超低能耗建筑技术性和体系性内涵深厚。我们坚信,技术创新并非要以放弃建筑的审美价值为代价,超低能耗建筑理应取得能效与美学的平衡、功能性与节能性的平衡。

拥有全专业的技术咨询中心、成本控制中心、工程管理中心,在超低能耗建筑实施过程中尤其重视建筑方案的优化工作,能高度实现技术和工程的协同增效,建筑美学与功能、节能的协同增效。

(二)品控"三重门"

1.第一重门——设计门

这是目前设计及超低能耗行业面临的共同问题。懂设计的不懂超低能耗建筑技术,懂超低能耗建筑技术的不熟悉设计,常规设计和超低能耗设计错位。做好超低能耗建筑项目,首先,建筑师要有强力的设计能力;其次,融合创新超低能耗建筑技术,了解施工技术和管理,把施工技术融入设计中,跨越超低能耗建筑品控的"第一重门"。

2.第二重门——施工门

目前,全国专业的超低能耗施工人员不多,再加上施工图设计依然停留在借鉴和套用的观念中,设计师对行业中材料使用的情况及价格了解不全面,一些淘汰了的材料依然在套用通用图集;或者为了提前完成画图任务,大量引用图集或规范,无法适用于超低能耗建筑的设计,给超低能耗的施工带来很大难度,甚至是误导,如此实施出来的项目质量可想而知不尽人意。

3.第三重门——运维门

目前全国建成的超低能耗建筑项目不多,能够达到对运行数据进行实时监测的,更是寥寥无几。因此应该重视发展数字化,不仅要重建设,更要重运维;从运营数据中印证相关技术措施的合理性和科学性,为后续的技术创新提供支撑依据。不仅如此,还能通过运行能耗和热舒适环境数据,调整建筑整体运行策略。我们应该意识到运维的问题。

综上所述,"ACC模式"1+1+1>3,承包商自身具备精细化、专业化和高度协同的设计、采购、施工能力,在每个专业工作过程中通过有效的融合和联动,相互之间不再是绝对独立和割裂的。施工图设计更合理,采购更精准和经济,保证了施工过程的流畅性和施工准确度。交付的建筑产品质量更高,综合效益更低,让项目建设更有建设价值和运行价值。

五、项目案例

开封规划勘测设计研究院(简称"开封规划院")科研业务用房建设项目是开封市首个近零能耗建筑项目,由五方建筑科技集团承担整体的全过程咨询、施工图设计和近零能耗专项施工(近零能耗专项 EPC)的近零能耗项目。

(一)项目概况

开封市规划勘测设计研究院科研业务楼(图 15-2、图 15-3)位于开封市新区启动区,总建筑面积约 12 350 m²,已获得近零能耗建筑设计标识。作为开封市首个近零能耗项目,该项目还肩负着引领示范开封市建筑节能工作、助推城市实现北方"清洁取暖"示范城市目标的重任。

项目所在地为寒冷气候区,建筑南北朝向,外立面采用浅灰色高反射隔热质感涂料,搭配北宋风格挑檐设计,丰富了立面效果,既兼顾固定遮阳又提供了光伏安装空间,实现了建筑光伏一体化。同时项目通过高效外保温系统、高性能门窗、无热桥设计、良好的气密性、高效新风热回收、可再生能源的运用、智能化监测与运维等手段在实现室内健康、舒适的室内环境的同时大幅度降低了建筑能耗。

图 15-2 开封规划院业务楼(一)

图 15-3 开封规划院业务楼(二)

(二)超低能耗技术重难点汇总

开封规划勘测设计研究院超低能耗技术重难点汇总见表 15-1。

表 15-1 超低能耗技术重难点汇总

序号	分项工程	技术重点难点
1	屋面工程	项目屋面内容复杂繁多,包含设备基础、光伏廊架、阳光房以及钢结构格栅造型
2	门窗幕墙工程	幕墙多界面交接,气密处理复杂

203

序号	分项工程	技术重点难点
3	外墙工程	仿宋风格,造型复杂,工序交叉施工; 大型悬挑钢雨篷断热桥处理; 一体板在近零能耗建筑上的应用
4	外立面钢结构造型以及断热桥处理	新型外挑钢结构造型以及断热桥处理

技术重点难点一:屋面结构物多,热桥及防水施工难度大

屋面既有设备基础,又有光伏廊架以及阳光房。对屋面的断热桥处理以及防水的施工影响较大。其中条基 6 条,光伏廊架墩柱 48 个,阳光房 1 个,女儿墙四周全部是钢格栅。

技术重点难点二:幕墙多界面交接,气密处理复杂

本项目幕墙面积虽然不大,但存在多个交接界面的情况。如与室内墙(地)面、室外(阳台、钢结构、外墙保温等)等多个界面,这就意味着质量隐患大大增加,增加了施工难度。

技术重点难点三:外立面多种造型结构,工序交叉施工

建筑外立面为了贴合开封历史古韵,满足地区的发展规划要求,构造非常复杂,内容繁多,其中包括外挑阳台、大型悬挑钢结构雨篷、太阳能光伏一体化钢结构挑檐、钢格栅、被动幕墙、外墙保温、高反射涂料等。因此各分部分项工程的技术对接以及工序交叉施工点多,对项目管理的协调工作要求高。

技术重点难点四:装饰一体板的应用

考虑到本项目是开封市首个近零能耗示范项目,在所有材料的选择上都倡导新技术、新材料等绿色建材的应用。因此在外墙装饰材料上,考虑地上 1~2 层采用装饰一体板。因装饰一体板的施工工艺对外墙热工性能有较大的影响,如板缝之间的缝隙处理,埋件在基础墙体的生根点多,板材与门窗交接部位的收口,都是需要解决的技术问题。

技术重点难点五:钢结构挑檐造型建筑光伏一体化

外挑斜坡钢结构自身为建筑外立面造型考虑,为更合理利用有限的光伏安装空间和满足遮阳要求,设计为建筑光伏一体化。因此要解决工字梁的断热桥处理,且与外保温接茬面非直线的不规则状问题,保温收口处理不好,会有渗水风险。同时因挑檐出挑长,外墙工程用吊篮施工存在较大难度。

综合本项目以上施工技术重难点,五方建筑科技集团采用 EPC 模式,充分发挥 ACC 的优势。采用"技术总负责+施工总协调"的模式,采用外立面现代与古典相结合,呼应古宋遗风又不失时代感。外立面采用浅灰色高反射隔热质感涂料,并搭配中式风格挑檐设计,保障外挑阳台、建筑光伏一体化造型、钢格栅等各分项工程的实施总体协调、整体把控。既兼顾固定遮阳又实现了建筑光伏一体化。既保障了钢结构的耐久安全,又对各节点处的断热桥进行了有效处理,保障了施工过程统一协调,进展有序。

总结来看,五方建科在设计阶段充分融合施工和成本,提出经济技术可行的优化措施,对于每个节点的处理方案都考虑周详,技术重难点反复论证,极大节约了现场施工和

超低能耗建筑全过程实施

工期成本,有效解决设计与施工之间的矛盾、技术与成本之间的分歧。施工全过程跟踪每个节点的实施落实,以"绣花针"的功夫进行现场施工管理,保证了项目整体质量和进度工期,确保建筑整体气密性、热工性能和舒适性达到近零能耗建筑技术的要求。

六、展望

优质的超低能耗建筑产品交付,需要全方位的考虑和充分的打磨,从项目整体的组织模式、人员及专业能力构建方面下功夫。把专业的事交给专业的人做。在不缺乏专业技术和专业人才的前提下,采用合适的组织管理模式达到优质品质建筑产品的交付。

随着国家战略目标和老百姓对住宅产品的高品质要求,未来建筑必定是向"绿色、节能低碳和高质量"的方向发展。以超低能耗建筑的发展建设为契机,实现建筑领域高品质发展。

第十六章 超低能耗建筑的运行维护管理

本章从剖析超低能耗建筑的特点入手,突出强调了运行维护的重要性,分析了行业现状和存在问题,系统地提出超低能耗建筑运行维护管理的前提、关键概念、实施路径、主要成果等内容,同时结合实践案例进行了较为深入的分析,对行业未来发展提出了建议和展望。本章旨在着力引起行业对运行维护的关注和重视,整体推动超低能耗建筑行业健康可持续发展。

一、超低能耗建筑运行维护的重要性

(一)超低能耗建筑特点

1.以结果为导向

这部分内容在前篇中已有较为详尽的分析,在此不再赘述。

2.评价方式体现了全生命周期的特点

超低能耗建筑以结果论英雄,这就决定了不仅要做好设计和施工,还要考虑建成之后的运行维护管理,方可实现设计预期。也就是相比传统建筑,必须强调全生命周期属性,在运行数据反馈的基础上,进行验证、调整,这一点也是和传统建筑的重要区别。超低能耗建筑技术框架如图16-1所示。

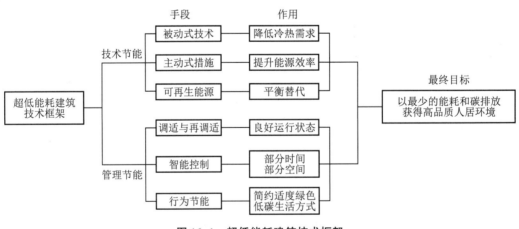

图 16-1 超低能耗建筑技术框架

(二)运行维护的重要作用

1.重视运行维护倒逼技术的升级迭代

传统节能建筑建成之后,电气设计师很少关注和了解建筑实际运行中的用电情况及反馈,设计方案中的变压器负荷实际上是高了有富余,低了影响使用,这种现象导致设计师制定方案时宁大勿小,甚至大马拉小车。暖通工程师没有机会去了解房间各处的冷热、新风量情况,以据此进行方案调整和整改。类似情况比比皆是的原因有二:一是设计和设备采购、安装、施工彼此割裂,二是认为运行维护都是业主的事情了,很难形成闭环反馈,导致技术升级迭代慢,也会造成一定的浪费。

2.推动行业健康可持续发展

超低能耗建筑以结果论英雄,需要参与者是"真把式"而不是"花架子",这将倒逼企业重视技术进步,加强产品质量管理,练就真功夫,提升竞争力,从而在产业链中脱颖而出,从而推动超低能耗乃至建筑双碳事业健康可持续发展,实现利国、利民、利企。

二、现状和存在问题

(1)目前行业普遍存在"重建设、轻管理"现象。

超低能耗建筑作为一种新型的建筑形式,在指标体系、技术体系等方面不同于执行现行强制节能设计标准的普通建筑。目前建筑行业有一个普遍的现象,就是重建设轻管理。我国目前项目建设主要采用的是以施工验收规范为依据的验收机制,重点是保证施工质量和主要设备的正常启动运转,而设备与系统之间的耦合以及实际运行效果往往被忽视。大量的关注和研究主要集中在技术、材料和施工工艺上,特别是项目的设计单位和施工单位,对于建成后实际运行和使用效果关注较少,往往把运行甩给业主,出现了"前半程"和"后半程"的脱节。

而超低能耗建筑注重设计、施工和管理等全生命周期,更强调后期运行维护管理的重要性。事实上,运行维护不仅帮助实现设计目标,还可以进一步提升节能空间。不同于普通建筑的运行维护,超低能耗建筑的运行维护更强调系统整体联动和结果导向。

目前出现问题的根源主要是认识不到位,特别是对于节能降碳的投入和关注不足,以至于运行维护成了建筑全过程的薄弱环节。做好运行维护工作也是高质量发展的需要,相关企业应该借此推动企业找准突破口,抢抓机遇实现转型发展。

(2)在推广超低能耗建筑中有一个误区,就是交房后就要马上节能又舒适,导致出现了一些差评现象,影响了外界对超低能耗建筑的评价。

实际上,超低能耗建筑需要1~3年才能够进入最佳使用状态,原因有以下几点:首先,建筑一旦调试完成投入使用后,能否通过调适而实现设计意图,主要取决于主动式用能设备与系统的运行。大量实际案例表明,因为设计方案、构造节点和施工等因素,会出现诸如个别部位供冷热量和新风量不足、噪声过大和建筑使用功能变化等情况,需要对原设备和系统进行优化提升。其次,要经过涵盖采暖季、空调季、过渡季的全年运行,方可拿出初步运行策略,在此基础上,第二个年度应进行验证和调整、提升、完善,以形成更为成熟的运行策略。同时,建筑是一个非常复杂的系统,再加上使用的差异较大,人和建筑之间需要时间的磨合方可实现良性互动。再次,在建筑刚刚建成时,建筑内部会包裹着因为水分残留形成的湿气,这些湿气如果不能排出去,将会影响温度、湿度等效果,特别是在冬季。经验表明,建筑在冬季交付的时候,通常会采用预热的办法获得墙体内部大量蓄热,只有当蓄热完成后,外围护结构热惰性才会发挥良好作用。所以,特别是商品房在冬季交房时,要完成蓄热并调试到正常状态再交付使用,或者提前特别告知业主,避免误会产生。

(3)目前更多的成果主要集中在设计、施工、材料设备上,有关运行维护的成果较少,有价值的成果更是少之又少。大量的超低能耗项目正处在建设阶段,建成后能够进入正常运行维护的较少,影响了此方面的深入研究。

(4)缺乏专业队伍和专业人才,缺乏技术标准作支撑。

三、运行维护的基本要求和前提

1.基本要求

建筑室内环境参数和能耗限值是超低能耗建筑舒适健康要求的约束性指标,是对建筑运行的基本要求,应当满足《近零能耗建筑技术标准》(GB/T 51350—2019)规定的室内环境参数,包括主要房间室内热湿环境参数、新风量、室内噪声限值等。对于超低能耗居住建筑,能效指标主要指的是能耗综合值以及供暖年耗热量和供冷年耗冷量;对于超低能耗公共建筑,能效指标主要指的是建筑综合节能率和建筑本体节能率。

2.超低能耗建筑的运行维护是以舒适性为前提

如果在室内身体热感觉舒适,就不一定拘泥于20~26 ℃的要求。而对温度的体感也具有个体差异,因此可适度放宽温度的控制(但冬季不建议高于设计值2 ℃,夏季不建议低于设计值2 ℃),并在室外温度适宜时鼓励开窗通风或采用电风扇等辅助措施。

超低能耗建筑是市场属性较强的产品体系,实践表明,使用者普遍对舒适体感需求更迫切,所以最佳的运行策略是在舒适和能耗之间取得平衡,也就是在能效指标满足的前提下,力求更舒适。

四、关键概念和实施路径

1.几个主要概念

运行策略:根据建筑特点和使用功能,针对不同季节、不同气候条件和使用情况,通过持续的调适,不断优化协同联动下的各系统最佳运行措施组合,从而在满足舒适性要求的前提下,尽可能减少能源消耗,并力求取得舒适度和能耗之间的平衡。

调试:指建筑在投入正式运行前,对各个系统在安装、单机试运转、性能测试、系统联合试运转的整个过程中,采用规定的方法完成测试、调整和平衡的工作。

调适:在调试完成,建筑正常投入使用前和使用初期,在各典型季节性工况和部分复合工况下,实施系统联动,在运行策略指导下进行运行措施的不断优化,实现舒适和节能的目标。

再调适:根据建筑使用功能的变化或对用能系统进行的改造和再次调适活动。

"调适"与"调试"主要有以下三点区别:第一是实施主体不同,"调试"主要由施工安装单位负责实施,"调适"则主要由建设单位、设计单位、施工安装单位以及设备和系统供应商共同组建的运行维护团队负责实施;第二是目标不同,"调试"是保证单一设备和系统满足标准要求,"调适"则更强调各系统整体联动控制和实际效果;第三是实施周期不同,"调试"主要在竣工验收之前实施,"调适"则是在竣工验收之后。

2.实施路径

如何建立一个正确的运行维护管理路径? 详见图 16-2。

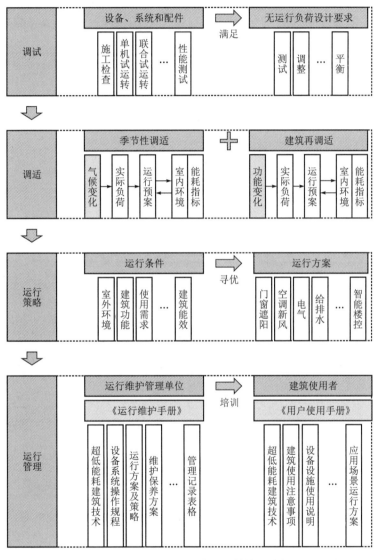

图 16-2　超低能耗建筑运行维护管理路径图

(图片来源:五方建科)

五、主要成果

超低能耗建筑运行维护通过调试、调适、寻优等过程,要形成以下三个主要成果,指导开展相关工作。

1.运行策略

大量实践案例证明,超低能耗建筑是否能够实现设计意图,取决于建成后1~3年能否进行持续的调适,运行策略得当,舒适度高、能耗低;而运行策略失当,则会舒适度低、能耗高。

运行策略的实现路径如下:首先是在竣工验收前对门窗、遮阳等被动式构件,以及能源设备和系统进行调试;其次在交付使用后对建筑各系统进行持续的调适,在采暖季、空调季、过渡季以及特殊工况下,通过对各系统实施联动控制,采用寻优的方式,得出适合的全年运行策略。调适是过程,运行策略是结果。

运行策略不是一成不变的,由于使用需求和外部环境的复杂性、多变性,在整个建筑的使用过程中,要随着天气变化、具体使用等实际情况加以改变,以"健康舒适、节能高效"为目标,动态调整各相关系统设备设施,以期达到最佳能效。

2.运行维护手册

对于超低能耗建筑,应根据其自身的功能、使用特点和管理方式等影响因素,制定有针对性的运行维护手册,指导运行维护管理单位开展工作。运维手册主要使用人为专业物业运维团队。

运行维护手册应包含对超低能耗建筑基本特性的介绍,使运行维护管理人员对超低能耗建筑建立正确、全面的认识。手册应包含建筑的基本信息,以及被动式建筑设计与主动式设备和系统技术要点,有助于管理人员充分了解设计意图。

依据设备系统的产品说明、技术说明及安全说明等,编制建筑设备系统操作规程,指导管理人员对设备系统进行标准化的操作与管理。手册中不仅要有建筑设备系统操作规程,还应提供相应的维护保养方案,并对建筑本体、设备设施、仪器仪表及各类传感器等的检查、保养、维修及校准等做出明确的规定和要求。

在运维手册中,应重点说明全年运行策略,制定不同场景下的运行方案。

3.用户使用手册

用户手册主要使用人为住宅小业主、写字楼租户等。不同于专业的运行维护管理手册,用户使用手册的编制应遵循通俗易懂、简单方便的原则,以便用户迅速掌握操作方法,简便有效地执行不同场景下的使用方案。

六、强调系统联动

超低能耗建筑通过智能化手段实现各系统的联动控制。各系统的联动控制应充分考虑以下主要因素:供暖期、供冷期、过渡季的不同气候特征,如室外温、湿度,太阳辐射及遮挡,自然通风等;建筑自身特性,如热惰性、自然采光、窗户开启和关闭、内部空间的风压和热压、遮阳方式等。系统包括门窗、遮阳、屋面天窗等设施,以及新风、空调、可再生能源等设备。

联动控制的方案应在室内外环境监测、能耗监测、自动控制及智能化分析的基础上制定。

七、室内环境和能耗监测系统

超低能耗建筑的室内环境质量和能耗监测系统,用于建筑运行过程中,对室内环境关键参数和各分项能耗进行监测和记录,为建筑使用和管理者提供不同系统的能耗数据,通过对能耗数据的分析,有针对性地优化各系统运行方案。因此,超低能耗建筑应重视利用室内环境质量和能耗监测系统,挖掘节能潜力。

超低能耗建筑强调舒适的室内环境及更高的能效指标,无论是作为运行调节的依据还是后期运行效果评估的证据,都需要对建筑室内环境及能耗进行实时监测。通过建立运行监测制度,确定监测对象及范围,提出数据采集及保存要求。

超低能耗建筑的大幅节能是同时建立在舒适健康的室内环境条件下的,因此针对公共建筑和居住建筑的不同特点,设置室内环境质量监测系统,对温度、湿度、二氧化碳等关键室内环境指标进行监测和记录,以保证建筑的舒适度。

超低能耗建筑能耗监测系统充分考虑建筑功能、空间、用能结算考核单位和特殊用能单位,对不同系统、关键用能设备进行独立计量。

分析建筑各项能耗水平和能耗结构是否合理,监测关键用能设备能耗和效率,及时发现问题并提出改进措施。

建筑能耗监测系统应对建筑各项能耗进行记录和分析,定期提供能耗账单和用能分析报告。通过对监测数据进行深入分析,制定节能策略,充分发掘节能潜力。

《近零能耗建筑技术标准》(GB/T 51350—2019)中 7.1.38 规定:应设置室内环境质量和建筑能耗监测系统,对建筑室内环境关键参数和建筑分类分项能耗进行监测和记录,并应符合下列规定:

(1)公共建筑应按用能核算单位和用能系统,以及用冷、用热、用电等不同用能形式进行分类分项计量;居住建筑应对公共部分的主要用能系统进行分类分项计量,并宜对典型户的供暖供冷、生活热水、照明及插座的能耗进行分项计量,计量户数不宜少于同类型总户数的 2%,且不少于 5 户。

(2)应对建筑主要功能空间的室内环境进行监测。对于公共建筑,宜分层、分朝向、分类型进行监测;对于居住建筑,宜对典型户的室内环境进行监测,计量户数不宜少于同类型总户数的 2%,且不少于 5 户。

八、项目案例

某政府机关办公楼按照超低能耗标准建设实施,并取得了相关的标识评价,其中被动式部分面积约 30 000 m²。整个项目设计阶段经过了多轮的技术方案优化,施工过程要求也很高,项目完成质量较高,实施效果也很好。

1.实际运行数据

截取 2021 年 10 月 1 日至 2022 年 9 月 30 日用电数据,所有用电均为直接抄取的电力局用电单。用电量统计原则如下:

(1)数据机房 24 h 运行,每小时耗电量约为 100 kW·h;

（2）充电桩用电量为充电桩总控制平台记录的数据；

（3）插座用电按照实际用能情况进行理论计算，主用能设备为办公电脑。用能条件为：750人，2台/人，用能时长8h/天，节假日休息。

全年单位面积耗电量为76.5 kW·h/(m²·a)（包含插座、充电桩、机房用电）；按照《近零能耗建筑技术标准》(GB/T 51350—2019)对超低及近零能耗建筑用能的规定，项目计量用能包含供暖、供冷、照明、生活热水、电梯系统等五项能耗，换算成单位面积耗电量为27.04 kW·h/(m²·a)，符合《近零能耗建筑技术标准》(GB/T 51350—2019)要求。

2. 经验总结

项目的运行能耗低，一方面因为项目设计本身的节能率比较高，另一方面，主要在项目实际运维管理过程中形成了一整套做法：

一是制定了节能管理专项策划，落实设计理念与要求。自2021年3月项目正式启用以来，项目运维部门一直和项目的咨询、设计单位保持沟通，举行能耗管理主题会议，开展能耗分析，并及时对物业部门能耗管理交底，持续动态优化。

二是编制机关院区运维手册，为实施精细化管理提供工作标准。运维手册主要涵盖维修保养、设备使用方法及注意事项、设备开闭等相关内容，并连同保修单等一并移交至物业管理部门。在物业服务单位进驻前，集中用了一个月时间，分别由设计单位、施工及设备单位、实操考核三个方面结合运维手册进行交底，确保物业管理部门完整理解。

三是每月重点工作及信息报送。每年年初，结合物业管理工作设置每月物业重点工作策划，以及月度工作主题，比如2022年11月物业管理主题就是节能管理。并开展年度能耗分析、运维经验分享等活动，以营造良好氛围。

四是开展节能工作经验交流。项目投运以来，通过走出去、请进来等各种形式，与其他兄弟单位、能源管理公司进行能耗管理经验做法交流，学习先进，博采众长，不断提升节能意识及理念。

五是持续动态宣传教育。结合主责主业，充分开展双碳目标等落实绿色发展理念的宣传工作，结合精神文明机关、节水节能型机关等创建工作的需求，梳理亮点做法，紧扣自身健康、家庭装修咨询等个人关注事项，以科普形式提供技术支撑，最大程度调动办公人员的节能主动性及积极性。

六是全面梳理合同维保条款，在项目移交至物业部门前，组织各分包单位全面梳理设备维保需求，理清边界，制定年度维保计划。

七是标准化引领，明确岗位职责，理清管理部门及各物业岗位责任边界及要求。每月开展工作标准样板引领活动，在主要工作界面设置工作表转化展示，并开展交流活动。

八是多方式考核。物业公司项目经理需经面试后方可上岗，开展适合物业的业务比赛，提升专业素质水平。带领物业团队走出去，学习先进经验。

3. 具体实施层面

主要有以下做法：

一是通过技术手段，实现了公共区域照明时间及时长的动态控制，以减少不必要的能源浪费。现在白天基本上见不到公区的亮灯，夜晚及凌晨也只有在上下班高峰的1～

1.5 h 亮灯。在最初执行的过程中也遇到了一些阻力,有些同志认为不应该要求过高过细,但经过坚持与宣教,取得了良好效果。

二是公共区域温度控制严格按照标准。对公区的空调面板进行了控制锁定,以实现空调开关时间及温度的恒定设置,减少不必要的浪费。比如夏季空调设置温度就设置在26 ℃,只在工作日时间 7:30~17:00 开启。由于项目本身保温性能较好,这样的设置也不会影响使用舒适度。

三是新风运行时段控制基本上和公区空调控制在开启时间上保持一致。正是因为平时控制良好,正常的话 3 至 6 个月需要更换一次的滤芯,滤芯基本上可以使用一年。

四是要求物业部门上报每日工作情况简报,专列用水、用电能耗数据,经过两年的运行及数据累积,对于不同季节的每天用水及用电量有了初步的规律性认识。

五是进行能耗数据对比分析。通过每季度与历史数据对比,与规范要求数据对比,有利于发现隐藏问题,优化工作思路,进一步提升管理人员的管理能力。

六是开展物业人员技能培训。不同于其他物业服务工作,能耗管理最大的特点就是要融入日常工作,其实各种细节上手很快,重要的是形成习惯。但物业服务人员流动性大,文化水平一般,需要动态的培训,强化习惯养成。培训的方式是多样化的,比如岗位标兵的经验分享、提交工作心得体会、对于重要工作内容进行早会宣读等。

4.经验总结

(1)争取单位领导对运行维护的重视和支持;

(2)管理精细化,细化举措、压实岗位责任;

(3)持续多角度宣传,营造良好氛围;

(4)开展培训考核,提升专业化能力水平。

5.建议

(1)改变传统思想观念,注重显性资金投入与隐性节约资金的对比。要看重的是综合效益,不仅要关注投入了多少,花了多少钱,还要关注省了多少钱。

(2)转变使用观念,培养良好的习惯,如门窗及时关闭。

(3)建议政府机关将办公建筑能耗、能效纳入机关考核指标。

6.下一步的工作目标

(1)深入发掘能耗数据,发现并持续对管理薄弱环节进行优化提升,需要做的是进一步提升运行结果数字化,实现精准、高效管理。

(2)引入市场机制,发挥社会第三方能源管理公司技术、组织、人才等优势,开展能源管理合作,提升运维水平。

(3)进一步完善管理制度,明确岗位责任,提升精细化管理水平。

九、展望

1.及时总结,提升管理水平

在超低能耗建筑大规模推广过程中,要加强针对不同气候区、不同功能、不同规模、不同管理方式的典型案例持续研究,及时总结经验,提升整体运行维护管理水平,完善技术标准。

2.用数字化赋能

数字化技术是超低能耗建筑运维的必要手段,主要体现在以下方面:一是如新风空调的变频控制,实现"部分时间部分空间";外遮阳可感光、感风、感雨的智能化控制;窗户、天窗、新风空调的联动控制等。二是室内环境质量和能耗监测系统,对室内环境关键参数和各分项能耗进行监测和记录,通过对能耗数据的分析,可有针对性地优化各系统运行方案。三是利用区块链技术的可信、可留痕、可存储、可追溯,防止数据造假。未来,随着数字化技术的深入应用,将为超低能耗技术体系的丰富完善预留更大的空间,让行业发展更加值得期待。

3.自动控制技术提升控制的精准化

目前一些智能化手段停留在概念上,缺乏稳定性、可靠性和精准度,比如外遮阳真正实现"感风、感雨、感光",根据天气变化提前做出反应调整。在这方面,自动控制等技术将大显身手。

4.注重技术专业化和管理精细化,未来需要专业的人才和团队

超低能耗专业运行维护将成为企业新的增长点,未来将会产生一批优秀的企业。目前物业管理公司可以通过赋能扩展该类业务,甚至实施转型脱颖而出,有着建筑技术背景的企业也会进入到这个领域,从而推动着行业健康高质量发展。

超低能耗建筑全过程实施

参考文献

[1]ZELENAY K, PEREPELITZA M, LEHRER D. High-performance facades: design strategies and applications in North America and Northern Europe [R]. Berkeley: Center for the Built Environment, University of California, 2011.

[2]WANG X, MAI X, LEI B, et al. Collaborative optimization between passive design measures and active heating systems for building heating in Qinghai-Tibet plateau of China [J]. Renewable Energy, 2020, 147: 683-694.

[3]CIARDIELLO A, ROSSO F, DELL'OLMO J, et al. Multi-objective approach to the optimization of shape and envelope in building energy design [J]. Applied Energy, 2020, 280: 115984.

[4]崔国游,淡雅莉.被动式建筑在我国发展的经济技术适应性[J].工程管理学报,2017, 31(4):29-34.

[5]李怀,吴剑林,于震,等.CABR 被动式超低能耗建筑节能运行管理实践研究[J].建筑科学,2016,32(10):1-5,149.

[6]HUANG P, SUN Y. A robust control of NZEBs for performance optimization at cluster level under demand prediction uncertainty [J]. Renewable Energy,2019,134:215-227.

[7]姜明超.基于近零能耗建筑能耗预测的能源系统控制策略研究[D].沈阳:沈阳建筑大学,2019.

[8]KATHIRGAMANATHAN A, ROSA M D, MANGINA E, et al. Data-driven predictive control for unlocking building energy flexibility: A reciew [J]. Renewable and Sustainable Energy Reviews, 2021, 135: 110120.

[9]姚晔,余跃滨.空调系统建模及控制[M].上海:上海交通大学出版社,2017:221-284.

[10]TOUB M, REDDY C R, RAZMARA M, et al. Model-based predictive control for optimal MicroCSP operation integrated with building HVAC systems [J]. Energy Conversion and Management, 2019, 199: 111924.

[11]朱颖心. 建筑环境学[M].4 版.北京:中国建筑工业出版社,2023.

[12]李先庭,赵阳,魏庆芃,等.碳中和背景下我国空调系统发展趋势[J].暖通空调,2022, 52(10):75-83,61.

[13]ZHAN S, LEI Y, JIN Y, et al. Impact of occupant related data on identification and model predictive control for buildings [J]. Applied Energy, 2022, 323: 119580.

[14]ASHRAE. Thermal Environmental Conditions for Human Occupancy[S]. Ansi/ashrae, 2017:55.

[15]中华人民共和国住房和城乡建设部. 民用建筑室内热湿环境评价标准: GB/T

50785—2012［S］.北京：中国建筑工业出版社,2012.

［16］BRAGER G S, DEDEAR R J. Thermal adaptation in the built environment：a literature review［J］. Energy and Buildings, 1998, 27：83-86.

［17］FANGER P O, TOFTUM J. Extension of the PMV model to non–air–conditioned buildings in warm climates［J］. Energy and Buildings, 2002, 34：533-536.

［18］CHAI Q, WANG H, ZHAI Y, et al. Machine learning algorithms to predict occupants' thermal comfort in naturally ventilated residential buildings［J］. Energy and Buildings, 2020, 217：109937.

［19］YAO R, LI B, JING L. A theoretical adaptive model of thermal comfort-Adaptive Predicted Mean Vote（APMV）［J］. Building & Environment, 2009, 44(10)：2089-2096.

［20］中华人民共和国住房和城乡建设部. 建筑气候区划标准:GB 50178-93［S］.北京：中国计划出版社,1993.

［21］中国建筑科学研究院有限公司.近零能耗建筑技术标准:GB/T 51350-2019［S］.北京:中国建筑工业出版社,2019.

［22］CHEN Y, YANG J, BERARDI U, et al. Assessments of multiple operation strategies in a passive office Building in Cold Region of China［J］. Energy and Buildings, 2021, 254：111561.

［23］CHEN Y, GAO J, YANG J, et al. An hour-ahead predictive control strategy for maximizing natural ventilation in passive buildings based on weather forecasting［J］. Applied Energy, 2023, 333：120613.

［24］中国气象局.气候季节划分:QX/T 152—2012［S］.北京:气象出版社,2012.

［25］VAPNIK V N. The nature of statistical learning theory［M］. New York：Springer-Verlag,1995.

［26］CHEN Y, LIANG E, BERARDI U, et al. A Model-Based Predictive Control Method of the Ground-Source Heat Pump System for Maintaining Thermal Comfort in Low-Energy Buildings［C］. 2022 IEEE 7th International Conference on Power and Renewable Energy, ICPRE, 2022：1080-1085.

［27］刘鑫,张鸿雁.EnergyPlus用户图形界面软件DesignBuilder及其应用[J].西安航空技术高等专科学校学报,2007(5):34-37.

［28］河北省住房和城乡建设厅.河北省民用建筑外墙外保温工程统一技术措施:冀建质安〔2021〕4号.2021.

［29］中华人民共和国住房和城乡建设部.建筑节能与可再生能源利用通用规范:GB 55015—2021[S].北京:中国建筑工业出版社,2021.

［30］中华人民共和国住房和城乡建设部.内置保温现浇混凝土复合剪力墙技术标准:JGJ/T 451—2018[S].北京:中国建筑工业出版社,2018.

［31］中华人民共和国住房和城乡建设部.建筑设计防火规范(2018年版):GB 50016—2014[S].北京:中国建筑工业出版社,2018.

［32］周玉涛,马润川,陈占虎,等.三种外墙外保温体系在被动房中的应用比较[J].建设科

技,2022(16):18-22.

[33]湖北省住房和城乡建设厅.高性能蒸压砂加气混凝土砌块墙体自保温系统应用技术规程:DB42/T 743—2016[S].2016.

[34]中华人民共和国国家质量监督检验检疫总局.复合保温砖和复合保温砌块:GB/T 29060—2012[S].北京:中国标准出版社,2012.

[35]刘宇.保温结构一体化发展浅析[J].工程与建设,2022,36(4):1153-1155.

[36]陈一全.北方寒冷地区建筑保温与结构一体化技术应用及发展策略研究[J].墙材革新与建筑节能,2019(1):35-49.

[37]周会洁,孙维东,孙亚洲.建筑保温与结构一体化技术的应用发展现状[J].长春工程学院学报(自然科学版),2015,16(4):6-10.

[38]王磊.努力推动建筑保温与结构一体化技术健康发展[J].粉煤灰综合利用,2018(3):83-84.

[39]杨润芳,司大雄,彭梦月.基于 Flixo 模拟研究被动式超低能耗建筑典型节点保温设置与热桥效应的关系[J].建设科技,2020(9):15-19.

[40]中华人民共和国住房和城乡建设部.建筑给水排水设计标准:GB 50015—2019[S].北京:中国计划出版社,2019.

[41]张昌.热泵技术与应用[M].北京:机械工业出版社,2019.

[42]沈明云.热泵技术与应用[J].工程建设与设计,2022(12):56-58.

[43]王宇飞,宋祺佼,郭放,等.低碳视角下地源热泵技术政策分析[J].生态经济,2015,31(1):35-38.

[44]徐伟,刘超,李锦堂,等.济宁文化中心地源热泵系统性能化设计与能效测评[J].暖通空调,2020,50(8):8-15,99.

[45]王海飞.基于 DeST 模拟的被动式办公建筑节能性设计研究[D].邯郸:河北工程大学,2019.

[46]中华人民共和国建设部.地源热泵系统工程技术规范(2009 年版):GB 50366—2005[S].北京:中国建筑工业出版社,2009.

[47]中国建筑科学研究院.近零能耗建筑技术标准:GB/T 51350—2019[S].北京:中国建筑工业出版社,2019:1-46.

[48]王贵玲,杨轩,马凌,等.地热能供热技术的应用现状及发展趋势[J].华电技术,2021,43(11):15-24.

[49]杨文芳.地源热泵在新建建筑中应用的经济性研究及政策建议[D].西安:西安建筑科技大学,2010.

[50]李宗翰.寒冷地区绿色建筑地源热泵设计预期与实际运行差异性分析[D].沈阳:沈阳建筑大学,2019.

[51]张澳清.夏热冬冷地区地源热泵供暖综合效益评价研究[J].区域供热,2022(3):31-37.

[52]王丽平,熊武.中国传统建筑美学的变革与发展探析[J].美与时代(城市版),2021(8):4-5.

附 录 《河南省超低能耗建筑运行维护技术标准》
(DBJ41/T 268—2022)简介

《河南省超低能耗建筑运行维护技术标准》(DBJ41/T 268—2022)是在 2020 年 12 月被河南省住房和城乡建设厅列入计划,编写工作历时 20 个月,来自建设、咨询设计、运行维护、物业、施工、材料设备单位的 30 余位专家共同参与完成,自 2022 年 11 月 1 日起施行。该标准的发布是河南省超低能耗建筑标准体系规划的重要一步。

(一)编制要求

(1)作为已知的国内首部专业标准,要求编制组自加压力,以展示河南省标准编制能力,体现超低能耗建筑发展的较高水平,成为外界了解河南建筑节能降碳工作的有效媒介、对外开展多层次交流的桥梁。

(2)不要把标准编成一篇没有错误、没有特点、没有使用价值的八股文。地方技术标准的尴尬之处,在于上面已经有国家标准了,往往编写完成发布后就被束之高阁,发挥不了应有作用。

(二)编制中的主要困难

(1)毕竟是国内第一本,可参考资料又少,目前已有成果主要集中在设计、施工、材料设备上,对于运行维护的成果较少,有价值的成果更是少之又少。大量的超低能耗项目正处在建设阶段,建成后能够进入正常运行维护的较少,可供研究借鉴的案例不足。

从逻辑关系建立、框架搭建、术语定义等都不得不原创。如结构框架搭建一开始按照专业如建筑、暖通空调、可再生能源等展开,但后来发现存在逻辑关系不易梳理清楚等问题,在成稿后又忍痛全部推倒重来,改为围绕运行和维护两大主线展开。

(2)如何编出一本有人看,能指导项目实施的标准?

编制组开展了一些实际案例的深入研究工作,如对中原地区首个近零能耗示范项目——五方科技馆的运行维护进行了四个月的研究,获得了许多宝贵的成果,验证了合格的运行维护不仅可以帮助实现预期目标,还可以进一步提升节能和舒适的空间。标准还充分利用条文说明提供更多的信息量,提升标准的可操作性及拓展空间,并为深入研究和实践提供有力支撑。编制组提供了运行维护手册、用户使用手册和用户使用调查问卷等模板,以实施路径为脉络,指导如何上手运维。

(三)编制意义

(1)进一步完善了河南省的超低能耗建筑标准体系。目前河南省已经陆续发布了《河南省超低能耗居住建筑节能设计标准》(DBJ41/T 205—2018)、《河南省超低能耗公共建筑节能设计标准》(DBJ 41/T 246—2021)、《河南省超低能耗建筑节能工程施工及质量验收标准》(DBJ41/T 247—2021)、《河南省装配式超低能耗建筑技术导则》等,有力地规范和指导了河南省超低能耗建筑项目实施,也助力了全国的超低能耗建筑规模化推广和全链条闭环发展。

(2)提醒行业不仅要重视项目前半程即建设阶段,也要重视以运行维护为主的后半程。

(四)标准有哪些创新之处?

(1)提出了运行维护目标,即通过持续的调适,不断优化运行策略,完善运行维护管理,使建筑各系统达到最佳运行状态,以舒适性为前提,最终达到舒适度和能耗之间的平衡。

(2)建立了"运行+维护+管理"的框架,以及"调试→调适→运行策略"的主要实施路径,特别强调管理节能和行为节能的重要性。

(3)厘清了调试、调适、再调适等几个关键概念的区别。

(4)突出了联动控制的重要性。

河南省超低能耗建筑
运行维护技术标准

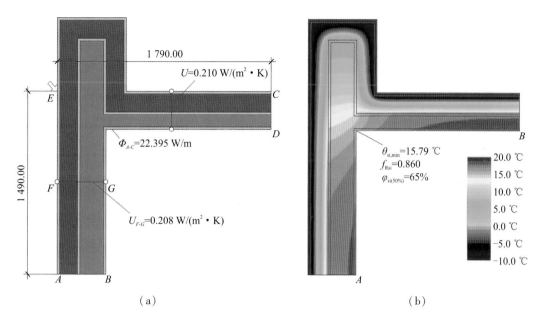

（a）　　　　　　　　　　　　　　　　（b）

彩图 1　第一种情况

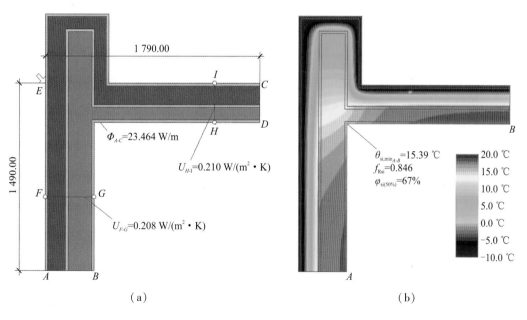

（a）　　　　　　　　　　　　　　　　（b）

彩图 2　第二种情况

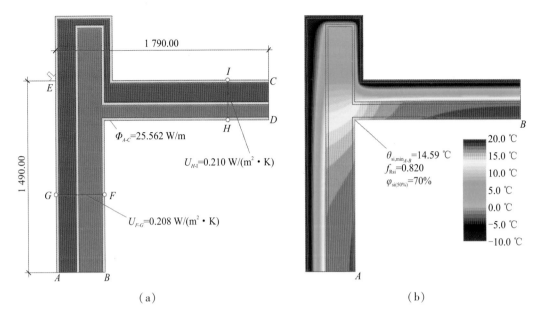

（a）　　　　　　　　　　　　　（b）

彩图 3　第三种情况

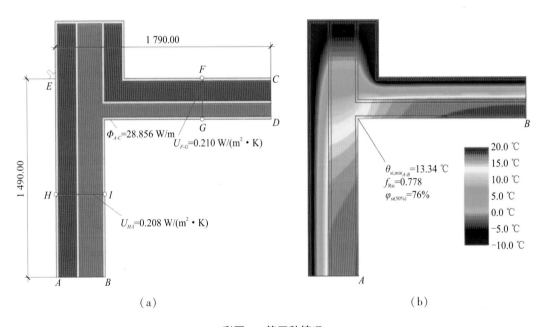

（a）　　　　　　　　　　　　　（b）

彩图 4　第四种情况

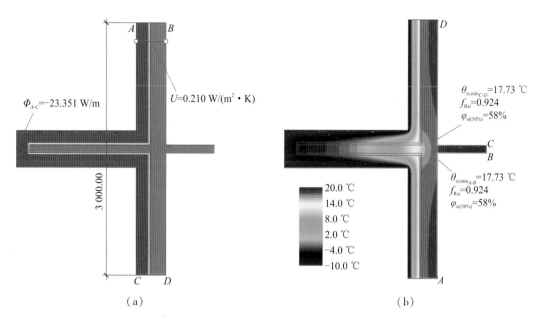

彩图 5　第一种情况

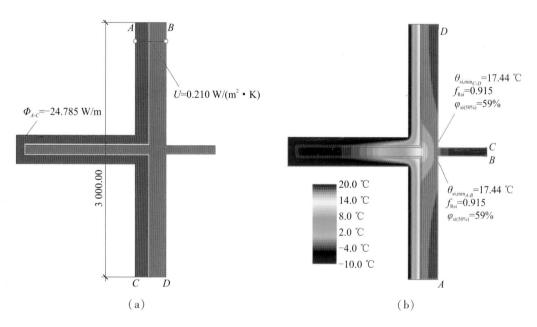

彩图 6　第二种情况

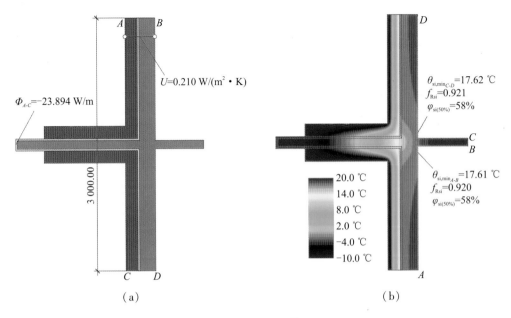

（a） （b）

彩图 7　第三种情况

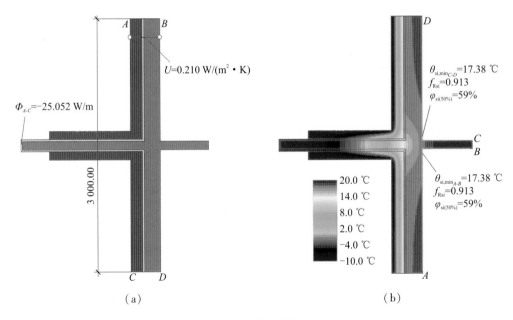

（a） （b）

彩图 8　第四种情况

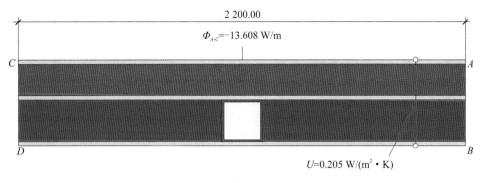

$\Phi_{A\text{-}C} = -13.608$ W/m

2 200.00

$U=0.205$ W/(m² · K)

（a）

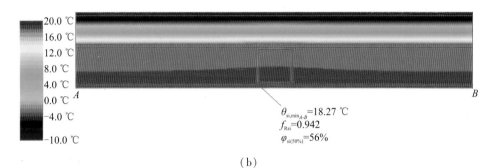

$\theta_{\text{si,min}_{A\text{-}B}} = 18.27$ ℃
$f_{\text{Rsi}} = 0.942$
$\varphi_{\text{si(50\%)}} = 56\%$

（b）

彩图 9　第一种情况

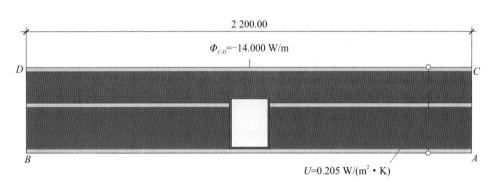

2 200.00

$\Phi_{C\text{-}D} = -14.000$ W/m

$U=0.205$ W/(m² · K)

（a）

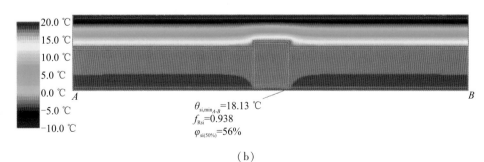

$\theta_{\text{si,min}_{A\text{-}B}} = 18.13$ ℃
$f_{\text{Rsi}} = 0.938$
$\varphi_{\text{si(50\%)}} = 56\%$

（b）

彩图 10　第二种情况

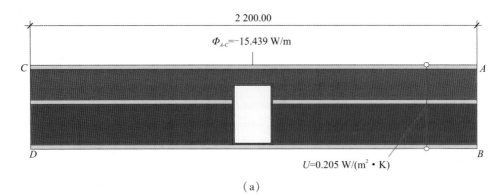

$\Phi_{A\text{-}C}=-15.439 \text{ W/m}$

2 200.00

C A

D B

$U=0.205 \text{ W/(m}^2 \cdot \text{K)}$

（a）

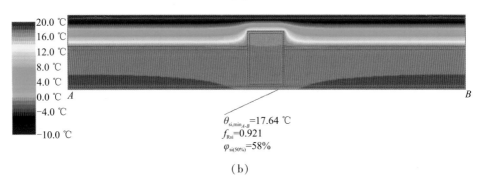

$\theta_{\text{si,min}_{A\text{-}B}}=17.64 \text{ ℃}$
$f_{\text{Rsi}}=0.921$
$\varphi_{\text{si(50%)}}=58\%$

（b）

彩图 11　第三种情况

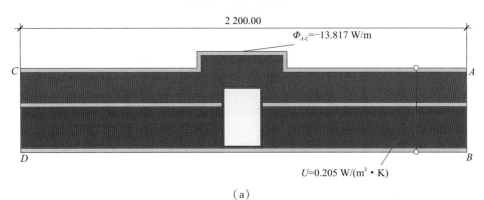

2 200.00

$\Phi_{A\text{-}C}=-13.817 \text{ W/m}$

C A

D B

$U=0.205 \text{ W/(m}^2 \cdot \text{K)}$

（a）

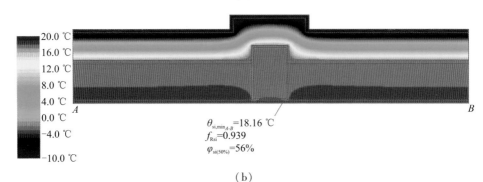

$\theta_{\text{si,min}_{A\text{-}B}}=18.16 \text{ ℃}$
$f_{\text{Rsi}}=0.939$
$\varphi_{\text{si(50%)}}=56\%$

（b）

彩图 12　第四种情况

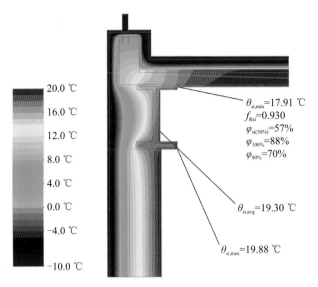

彩图 13　热流模拟图

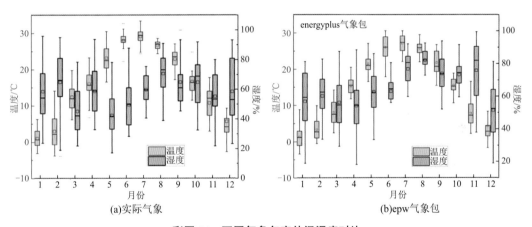

(a)实际气象　　　　　　　　　　　　　(b)epw气象包

彩图 14　不同气象包室外温湿度对比

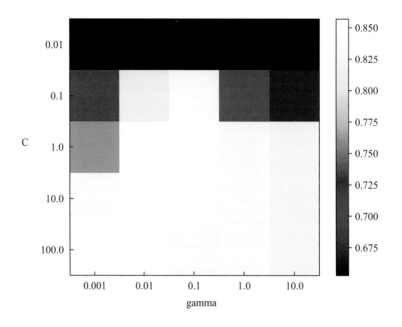

彩图 15　支持向量机算法中的调参交叉实验结果

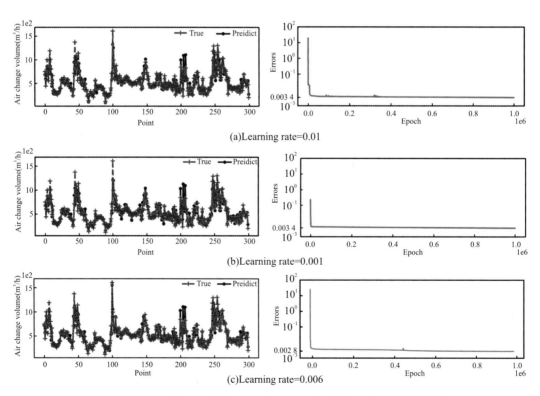

(a)Learning rate=0.01

(b)Learning rate=0.001

(c)Learning rate=0.006

彩图 16　BPNN 神经网络算法不同学习率和迭代次数组合下的结果比较